元素之声

电子、原子和分子的音乐故事

钟鸿英　主　编

熊岳涛　副主编

化学工业出版社

·北京·

内容简介

《元素之声——电子、原子和分子的音乐故事》采用"理论阐释—原创音乐—作品赏析"三位一体的创新架构，系统呈现了从微观原子结构到宏观生态系统的科学知识体系。全书共七章，各章均包含科学原理的阐述、基于科学原理创作的钢琴曲以及详细的钢琴曲赏析。七首原创钢琴曲通过音高对应原子能级、节奏模拟分子振动、和声演绎化学键形成等音乐语言，实现了科学概念的艺术转译。本书作为"科学音乐化"的范式，不仅为读者提供了理解化学的新途径，更为科学传播与艺术教育的融合提供了一种创新模式，使抽象的科学理论转化为可感知的审美体验，实现了理性认知与感性体验的有机统一。

《元素之声——电子、原子和分子的音乐故事》将科学探索与人文、艺术审美相结合，可作为普通高校通识课程教材，也可作为大众科普读物。

图书在版编目（CIP）数据

元素之声：电子、原子和分子的音乐故事 / 钟鸿英主编；熊岳涛副主编. -- 北京：化学工业出版社，2025. 10. -- ISBN 978-7-122-49038-4

Ⅰ. O611-49

中国国家版本馆 CIP 数据核字第 20258UZ306 号

责任编辑：孙钦炜　宋林青　　　　　　装帧设计：韩　飞
责任校对：李雨晴

出版发行：化学工业出版社（北京市东城区青年湖南街13号　邮政编码100011）
印　　装：河北鑫兆源印刷有限公司
787mm×1092mm　1/16　印张13¾　字数218千字　2025年11月北京第1版第1次印刷

购书咨询：010-64518888　　　　　　售后服务：010-64518899
网　　址：http://www.cip.com.cn

定　　价：58.00元　　　　　　　　　　　　　　版权所有　违者必究

前言

高等教育承担着人才培养、科学研究、社会服务、文化传承以及国际文化交流等重要使命，专业教育与通识课程相结合已成为现代高等教育的重要发展趋势。通识课程打破不同学科壁垒，在专业能力培养之外，致力于培养科学思维方法，养成远大视野、批判性思维、跨学科洞察力和深厚人文情怀，激发不同个体的独特潜能和精神特质，造就健全人格和蓬勃精神活力，助力学生在生活、学习和工作中实现真善美的统一。为了适应高等教育改革与学科发展需要，根据《教育部关于深化本科教育教学改革全面提高人才培养质量的意见》（教高〔2019〕6号）、《普通高等学校本科专业类教学质量国家标准》（2018年发布）、《教育部关于加快建设高水平本科教育全面提高人才培养能力的意见》（教高〔2018〕2号）、《高等学校课程思政建设指导纲要》，以及2020年中共中央办公厅、国务院办公厅发布的《关于全面加强和改进新时代学校美育工作的意见》等文件精神，我们根据长期在一线从事高等教育的体会和感悟，组织编写了《元素之声——电子、原子和分子的音乐故事》这本通识课程教材。

音乐是一种没有国界的世界语言，它通过动听的旋律、和声和节奏等基本要素来勾画自然万物，抒发万千情感，反映社会生活。它既有理性的逻辑结构，又与感性的人文背景和个人情怀融合互通。言有尽而意无穷，音乐通过理性与感性的交织碰撞，激发无限想象和情感共鸣，直抵文字和语言不可到达的灵魂深处。《元素之声——电子、原子和分子的音乐故事》将自然科学原理与人文、艺术审美相结合，以音乐形式表现人们永无止境的探索，展现星球万物蕴含的科学美和自然美，抒发沉醉于科学探索的种种情怀。

原子是物质世界的基本组成单元，音乐与原子的渊源可追溯至1865年，英国化学家约翰·纽兰兹（John Alexander Reina Newlands）最先发现了"元素八音律"。当他把那时已知的元素按照原子量递增顺序排列时，惊讶地发现每隔7种元素，就会出现性质相似的元素，也就是每八个元素组成一个循环，仿佛音乐八度音循环一般。虽然"元素八音律"按照原子量排序存在严格限制，仅适用于部分主族元素，但它是科学史上的一个美丽近似，将宇宙万物中看似各自孤立存在的各种元素联系起来，为发现元素周期律和预测各种新元素奠定了基础。

《元素之声——电子、原子和分子的音乐故事》共包含《元素之声（The Sound of Elements）》《电子律（Melody of Amazing Electrons）》《化学键（Chemical Bonds）》《芊芊水远（Flourishing Waterscape）》《生命的密码（The Code of Life）》《功夫蛋白（Functional Proteins）》和《星球万物（All in the Planet）》七首纯钢琴曲。整体作品从 a 小调出发，逐步增加升号调，最终使用六个升号调，展现从第一周期到第七周期化学元素的核外电子递增、性质递变和结构演化过程。七首曲子分别从元素、电子和化学键等基本单元出发，演绎出万物之本、生命之源——水，进而延伸至更复杂的遗传物质脱氧核糖核酸（DNA）和执行重要生物学功能的蛋白质，最后与星球万物中多样的生态系统和自然环境相呼应，构成一个相互关联的完整体系。这组钢琴曲风格变换多样，旋律优美流畅，节奏明快。在带来美的感受和体验的同时，引导读者通过理解、想象和逻辑思维去认识潜藏在自然美中的科学概念、原理和规律，领悟大自然所呈现的和谐、简单、对称和新奇的科学美。

全书共七章：元素之声（第一章）、电子律（第二章）、化学键（第三章）、芊芊水远（第四章）、生命的密码（第五章）、功夫蛋白（第六章）和星球万物（第七章），内容涵盖了化学和分子生物学基本概念和原理，以及音乐基础知识（见附录），并将相关发展历史和人文背景融入其中。第一章至第七章包括背景知识、钢琴曲五线谱和作品赏析，其中七首钢琴曲音频可扫描二维码收听。

广西大学钟鸿英担任本书主编，华中师范大学熊岳涛担任副主编。钟鸿英撰写了本书第一、二、三、四、五章的背景知识，其中广西大学生命科学创培211班本科生朱路平参与撰写了第二章背景知识的第三部分，第六章和第七章的背景知识由广西大学俸雪撰写。七首钢琴曲由熊岳涛和钟鸿英共同完成，第一、二、三、五、六和七章的钢琴曲作品赏析由钟鸿英和熊岳涛共同完成，第四章的钢琴曲作品赏析由中国科学院大学中国科学院精密测量科学与技术创新研究院高安吉和熊岳涛共同完成。附录由钟鸿英撰写，熊岳涛和华中师范大学陈若岩修改。全书所有图片绘制和公式编辑由朱路平完成。

全书由浙江大学邬健敏教授主审，邬教授对书稿提出了大量宝贵的修改意见。化学工业出版社的编辑为本书的出版付出了辛勤劳动。广西大学生命科学创培211班本科生刘羽祺、张波和何卓雨，以及广西大学研究生黄星晨、胡啸远和张明月参与了本书编写准备工作。我的家人是这本书和音乐作品的第一批读者和听众，他们提供了大量修改意见。在此一并致以衷心的感谢。此外，还要感谢我的所有博士、硕士研究生以及本科生，正是他们的鼓励和欣赏给予了我编写这本跨领域通识课程教材的信心和勇气。

本书旨在为高等学校本科生通识教育提供一本集科学探索和人文、艺术审美于一体的教材或参考书，由于编者水平有限，书中难免存在不足之处，请广大读者指正。

钟鸿英

2025 年 6 月 15 日于广西大学

目录

第一章

The
Sound
of
Elements

元　素　之　声

大约 45 亿年前，人类赖以生存的家园——地球诞生。经过不断的地质变迁和生物演化，从简单的原子、分子到单细胞生物，最终发展为如今万物共生的多样性生物世界，我们人类也在地球上一代又一代繁衍生息。纵观人类文明发展之路，每一步都伴随着天然元素的发现、利用，以及新元素的人工合成。目前已经发现 92 种天然元素，通过核反应人工合成了 26 种元素。这些基本元素是物质世界的基石，不同元素以不同结合方式构成丰富的物质世界。从蔚蓝地球到光年之外的星际苍穹，从千层白沫卷沙汀的波涛海浪到万壑绿树直参天的茫茫林海，从薄如蝉翼、细过发丝的人工合成新材料到坚如磐石、稳若泰山的摩天大楼和桥梁建筑，无不闪耀着各种元素的光辉。

一、原子和元素

人类对物质基本组成的探索可以追溯到古代文明时期。在公元前五世纪，古希腊哲学家恩培多克勒（Empedocles）提出了"四元素"学说，认为世界由土、气、水、火四种基本元素组成。古希腊唯心主义哲学家柏拉图（Plato）进一步发展了元素的思想与理论。中国古代《尚书·洪范》则记载有"五行"学说，它是中国古代的重要哲学思想，认为"金、木、水、火、土"五种元素构成了宇宙万物及各种自然现象。而亚里士多德（Aristotle）的"四因说"则对事物存在和变化的原因进行了进一步的追问，包括构成事物的物质基础或材料（质料因）、形状和结构（形式因）、变化或运动原因（动力因）、最终目的或功能（目的因）。这些朴素的元素观源自人们对大自然的敬畏，反映了人类对物质世界的早期哲思智慧。直到 17 世纪，随着科学方法和实验手段的发展，现代元素概念才逐渐形成。1661 年，英国物理学家和化学家波义尔（Robert Boyle）在其著作《怀疑派化学家》中提出了第一个科学的元素概念，认为元素是无法用化学方法再分解的简单物质。这一革命性的观点为近代化学奠定了理论基础，恩格斯给予其高度评价，"波义耳把化学确立为科学"，1661 年因此被化学史家认为是近代化学的元年。

原子学说可溯源至古希腊唯物主义哲学家留基伯（Leucippus），他是原子论的奠基人之一，最先提出了关于原子的概念，该理论后经其学生德谟克利特（Democritus）进一步发展，形成了欧洲最早的朴素唯物主义原子论。德谟克利特认为宇宙万物由最微小、坚硬、不可入、不可分的物质粒子构成，他将这种粒子叫作"原子"。德谟克利特的原子论自提出就受到了柏拉图和亚里士多德的强烈反对。直到 1650 年，法国哲学家、科学家伽桑狄（Pierre Gassendi）重新提出原子论，并得到了英国科学家牛顿（Isaac Newton）的支持，牛顿关于物质结构的微粒理论为英国化学家、物理学家道尔顿（John Dalton）的原子论思想奠定了基础。19 世纪初，道尔顿提出的现代原子论（Atomic Theory）标志着近代化学的开始，他首次提出了原子量的概念。按照道尔顿的原子论，原子是物质世界不可被分割的最小单位，也是化学变化中的最小单位，并在化学变化中保持稳定状态。道尔顿原子论还指出，同种元素的原子性质相同，化合物由不同元素的原子按固定比例结合，化学反应的本质是原子的重新排列组合。道尔顿原子论具有重要科学意义，首次系统解释了质量守恒定律和定比定律，为后来的分子学说和元素周期表奠定了基础。其原子量计算体系使化学从定性表述转向定量研究，并启发了后来的电子发现（汤姆逊）和原子结构模型建立（卢瑟福）。

原子是元素的基本粒子。原子由原子核和绕核高速运动的电子组成，而原子核由质子和中子组成，其中质子带正电荷，中子不带电，电子带负电荷。通常情况下，原子核所带的正电荷与核外电子所带的负电荷在数量上相等，因此原子为电中性，中性原子可以通过得失电子，转变为带负电荷的阴离子或带正电荷的阳离子。比如，中性铜原子丢失一个或两个电子就成为一价铜离子（Cu^+）或二价铜离子（Cu^{2+}）。

元素按照原子核中质子数来区分，具有相同质子数但中子数不同的原子称为同一元素的同位素。比如，钾原子（K）的原子核中含有 19 个质子，核外有 19 个电子。

自然界中共发现三种常见钾的同位素，中子数分别为 20、21 和 22，分别表示为 ^{39}K、^{40}K 和 ^{41}K（质子数和中子数之和标注于左上角），或 K-39、K-40 和 K-41（质子数和中子数之和标注于短横线之后），其天然丰度分别为 93.258%、0.012% 和 6.730%。

原子质量主要由原子核中的质子（$1.673×10^{-27}kg$）和中子（$1.675×10^{-27}kg$）决定，质子的质量大约是电子质量（$9.110×10^{-31}kg$）的 1836 倍。原子的实际质量很小，例如一个氢原子的实际质量为 $1.674×10^{-27}kg$，一个碳 -12 原子的质量为 $1.993×10^{-27}kg$。为便于计算，1959 年，在慕尼黑召开的国际纯粹与应用物理学联合会（International Union of Pure and Applied Physics，IUPAP）上，德国物理学家 J. H. 马陶赫（J. H. Mattauch）建议将 C=12.0000 作为原子量基准，并提交国际纯粹与应用化学联合会（International Union of Pure and Applied Chemistry，IUPAC）审议。1961 年，IUPAC 在蒙特利尔召开的会议上，正式通过该基准。以一个碳 -12 原子质量的 1/12 作为标准，任何一个原子的真实质量和该标准的比值，则为该原子的原子量。例如，四种铁同位素 ^{54}Fe、^{56}Fe、^{57}Fe 和 ^{58}Fe 的原子量分别为 53.940、55.935、56.935 和 57.933。

二、天然元素

元素分为天然元素和人工合成元素。天然元素是指存在于自然界中的元素，目前已发现有 92 种天然元素，它们在自然界中多以化合物或单质的形式存在，呈现固体、液体或气体形态。地壳中含量最丰富的五种天然元素为氧（O）、硅（Si）、铝（Al）、铁（Fe）和钙（Ca），占地壳质量的 90% 以上。其中，氧是地壳中分布最广、含量最高的非金属元素，在地壳中含量占 48.06%。它有三种同位素，包括 ^{16}O、^{17}O 和 ^{18}O，其天然丰度分别为 99.76%、0.04% 和 0.21%。其次是硅，在地壳中含量占 26.30%，包括 ^{28}Si、^{29}Si 和 ^{30}Si 三种同位素，其天然丰度分别为 92.23%、4.68% 和 3.09%。铝是地壳中最丰富的金属元素，在地壳中含量占 7.73%，目前只发现一种铝元素的稳定存在形式 ^{27}Al，其天然丰度为 100%。铁在地壳中含量占 4.75%，它是地壳中含量仅次于铝的金属元素，共有 ^{54}Fe、^{56}Fe、^{57}Fe 和 ^{58}Fe 四种同位素，其天然丰度分别为 5.85%、91.75%、2.12% 和 0.28%。值得注意的是，实际上铁是整个地球中含量最高的金属元素，但其大部分沉积在地核，在地壳中铁含量偏少。钙元素在地壳中含量占 3.45%，它有六种同位素，包括 ^{40}Ca、^{42}Ca、^{43}Ca、^{44}Ca、^{46}Ca 和 ^{48}Ca，其天然丰度分别为 96.94%、0.65%、0.13%、2.09%、0.01% 和 0.18%。

历经几十亿年沧海桑田，各种天然元素已以不同形式融入地球上多姿多彩的生命个体，其物质组成也为适应自然环境而不断演变。比如，地球上氧气含量变化对生态系统演化起到重要作用，直接影响地球上绝大多数生命体的生存方式。在地球形成初期，海洋和大气中的氧气含量极其稀薄，铁元素以可溶性二价铁离子（Fe^{2+}）的形式广泛存在，这决定了铁元素在地球生命起源中的独特地位。结合 Fe^{2+} 的血红蛋白和类血红蛋白几乎存在于所有脊椎动物，以及部分无脊椎动物、真菌和植物中。在氧气含量高达 21% 的现代大气环境中，氧气在高等生物体内的运输由血红蛋白来完成。血红蛋白不仅赋予红细胞标志性红色，而且其中的 Fe^{2+} 可快速、可逆地与氧气结合，从而可以从氧分压较高的肺泡中摄取氧，通过血液循环把氧气运输到氧分压较低的组织，并将组织产生的二氧化碳运送到肺部排出体外。如图 1-1 所示，人体血红蛋白具有独特的四聚体结构，不仅可非常精准地调节 Fe^{2+} 与氧气的结合和释放，而且能保护 Fe^{2+} 在高浓度氧气环境中不被氧化为 Fe^{3+}。血红蛋白由两对珠蛋白链（α链和β链）组成，在生理条件下自组装成 $α_2β_2$ 四聚体。每条珠蛋白链都与一个血红素结合，并盘绕折叠成球形，将血红素环绕在里面。血红素具有卟啉结构，Fe^{2+} 处于卟啉中心，与卟啉四个吡咯环上的氮原子配位结合。位于珠蛋白肽链第八位的组氨酸残基咪唑侧链上的氮原子从卟啉平面的上方与 Fe^{2+} 配位结合，当血红蛋白载氧时，氧气分子从卟啉环下方与 Fe^{2+} 配位结合；当血红蛋白不与氧气结合时，水分子代替氧气分子从卟啉环下方与 Fe^{2+} 配位结合。血红蛋白与氧气的结合和释放是非常精妙的协同作用过程，当一个氧分子与血红蛋白四个亚基中的一个结合时，可引发血红蛋白构象变化，使血红蛋白的第二个亚基暴露，让第二个氧分子更容易与其结合，并进一步促进结合第三个氧分子，直至四个亚基都分别与氧分子结合。反之亦然，在组织内释放氧气时，一个氧气分子的离去会协助另一个氧气分子的离去，直至释放完所有氧气分子。

除了含铁元素的血红蛋白，在远古海洋生物、软体动物和节肢动物等的血淋巴中还发现了含铜离子的血蓝蛋白，这可能与发生在大约 26 亿年前的地球大氧化事件有关。随着大气中氧气含量的大幅增加，地球上的矿物成分发生了巨大变化：可溶性二

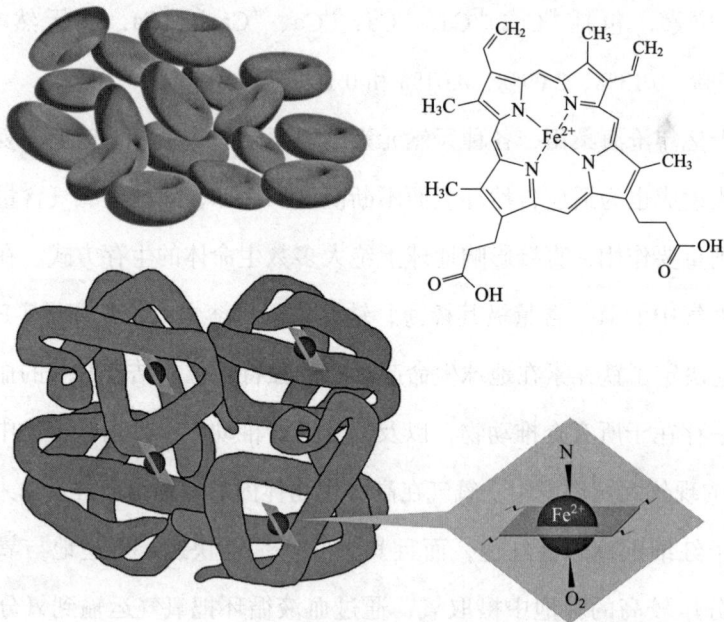

图 1-1　红细胞与血红蛋白

价铁离子被氧化为不溶的三价铁化合物，海洋中生物可利用的铁元素减少，其他元素如铜元素进入生物体。血蓝蛋白不与血细胞结合，也不含有卟啉结构，而是在血淋巴中直接与氧气分子发生可逆结合，并随着血淋巴的循环在生物体内运输氧气。没有结合氧气分子时，每个血蓝蛋白包含两个相距约 46pm 的亚铜离子（Cu^+），Cu^+ 与三个组氨酸残基的咪唑氮配位，相互作用很弱。当和氧气分子结合时，Cu^+ 被氧化为二价铜离子（Cu^{2+}），氧分子以过氧桥（—O—O—）形式连接两个 Cu^{2+}，此时两个 Cu^{2+} 相距约 36pm。血蓝蛋白脱氧时呈无色，结合氧时呈蓝色。相比血红蛋白，血蓝蛋白分子量大，结构比较复杂，与氧气结合能力更弱。但血蓝蛋白为多聚体结构，可增大与氧气分子的结合数量。节肢动物血蓝蛋白一般由分子质量为 75kDa 的亚基构成六聚体，并以六聚体为单位构成多六聚体。而软体动物血蓝蛋白一般为分子质量为 350kDa 或 400kDa 的亚基构成十聚体、双十聚体或多十聚体。

　　自然环境中的地质变迁和生命体演化机制非常复杂，至今仍有许多未解之谜。比如，自然环境中钠元素（Na）和钾元素（K）含量非常相近，分别为 2.74% 和 2.47%。然而地球上几乎所有液态水中钠离子（Na^+）的含量都远高于钾离子（K^+），以海水为例，Na^+ 浓度为 K^+ 的 47 倍（Na^+ 浓度约为 470mmol/L，K^+ 浓度约为 10mmol/L），河

水中 Na^+ 浓度为 K^+ 的 10 倍（ Na^+ 浓度约为 0.4mmol/L， K^+ 浓度约为 0.04mmol/L）。这可能是因为在岩石"风化"过程中， K^+ 比 Na^+ 更难被释出，而在"反风化"过程中， K^+ 又比 Na^+ 更容易被吸附或移除。虽然地球上所有液态水中都存在" K^+ 低 Na^+ 高"现象，但这又与地球上几乎所有生物细胞中 Na^+ 和 K^+ 的相对浓度相反。从原核生物中的细菌和古菌，到真核生物中的真菌、植物和动物，其细胞内 K^+ 含量都比细胞外高，但细胞内 Na^+ 含量比细胞外低。细胞内、外 K^+ 的平均浓度约为 150mmol/L 和 5mmol/L，而细胞内、外 Na^+ 的平均浓度大约为 15mmol/L 和 150mmol/L。 K^+ 是细胞内液的主要阳离子，细胞内、外 K^+ 分别占体内钾总量的 98% 和 2%。这种与环境相反的钾、钠组成有什么生物学功能呢？如果"适应环境"并不是生物进化演变的唯一途径，那细胞又是为了维持什么重要功能，才选择了与环境抗争呢？又或只是原初生命形成时的环境水溶液遗迹？这些疑惑都有待进一步探索。

三、人工合成元素

人工合成元素指自然界原本不存在的元素，通过人工方法增加元素原子核中的质子数，以此增大原子序数，从而制造出的新元素。目前已通过核反应人工合成了 26 种元素。人工合成元素的方法是采用特定元素的原子核作为"炮弹"轰击另一种元素的原子核，当它的能量足以"击穿"目标原子核时，两个原子核就会熔合成新核，进而产生具有新质子数和新中子数的新元素。为了使原子核具备足够的能量"击穿"另一个原子核，需使用线性加速器、回旋加速器或将两者相结合的强子对撞机等设备。在元素周期表中，92 号铀之后的元素都是由科学家人工合成的放射性元素。92 号铀之前的人工合成放射性元素包括 43 号锝（Tc）、61 号钷（Pm）、85 号砹（At）和 87 号钫（Fr），其中 87 号钫元素在自然界中也有极微量存在。

锝（Tc）是第一个以人工方法合成的元素，于 1937 年底由意大利物理学家 C. Perrier 制得，并按希腊文"Technetos"（人造）命名为 Technetium。Perrier 在美国伯克利分校访问期间，利用 Ernest Orlando Lawrence 发明的回旋加速器，用氘核（D）轰击钼，随后把辐照后的钼带回意大利巴勒莫大学。在化学系教授 Emilio Segrè 的协助下，经过近半年时间，他们分离出了 10^{-10} 克的 ^{99}Tc，并宣布了锝元素的

发现。后来，人们还从铀的裂变产物中得到大量锝的同位素，从一吨铀中可提取约 1
毫克锝。锝（Tc）拥有较大的同位素家族，目前已发现它有 21 种同位素。虽然这些
同位素的质子数都是 43，但是由于中子数不同，各自的性质也存在一定差异，目前
已发现质量数为 90 ～ 110 的锝同位素。其中，^{99}Tc 在核医学临床诊断中应用最广泛，
约占诊断用放射性显像剂的 85%，可用于脑、肾脏、肝、胆和心肌等几乎所有脏器
疾病和肿瘤的显像诊断。

在人工合成元素的过程中，质子数的变化严格遵守加法原则。例如，用硼（核外
电子数为 5，质子数为 5）轰击锎（核外电子数为 98，质子数为 98），可得到 103 号元
素（1961 年合成），其质子数为硼和锎的质子数之和。为纪念美国著名物理学家、加
州大学伯克利分校物理学教授劳伦斯（Ernest Orlando Lawrence），该元素被命名为铹
（Lawrencium）。劳伦斯教授于 1932 年设计和制造的第一台高能粒子回旋加速器，使
人工改变原子核成为可能，为人工合成元素奠定了基础，是人工合成元素的重要里程
碑。从此以后，大量人造元素通过回旋粒子加速器加速粒子后轰击靶核引发核反应得
到。劳伦斯教授的这一发明为物理学和化学的发展做出了巨大的贡献，因此获得 1939
年度诺贝尔物理学奖。

四、稳定同位素和放射性同位素

稳定同位素指具有相同质子数（属于同一元素），但中子数不同，原子质量不同，
化学性质基本相同，半衰期大于 10^{15} 年的同位素，稳定同位素不发生或极不易发生放
射性衰变。目前已知地球上 81 种元素具有稳定同位素，已发现 274 种稳定同位素。其
中，锡元素具有数量最多的稳定同位素，已发现 10 种。质谱仪在稳定同位素的发现中
发挥了关键作用。1913 年，英国物理学家汤姆逊（Joseph John Thomson）及其学生阿
斯顿（Francis William Aston）用磁分析器首次发现天然氖由质量数为 20 和 22 的两种
稳定同位素所组成。1919 年，阿斯顿以汤姆逊所开创的质谱学成果为基础，设计、制
造了第一台质谱仪，随后借助自己发明的质谱仪，先后从 71 种元素中发现了 202 种核
素，其中绝大多数是稳定同位素。后来，科学家还利用光谱等方法，发现了氧、氮等
元素的稳定同位素。由于阿斯顿在质谱仪研制和稳定同位素研究领域的卓越贡献，他

于 1922 年被授予诺贝尔化学奖。

　　放射性同位素是指具有相同质子数（属于同一元素），但中子数不同，且原子核不稳定的元素。当原子核内质子数与中子数不平衡时，就会自发地发生放射性衰变，释放出粒子（如 α 粒子、β 粒子和 γ 射线等），最终生成稳定的原子核。比如，^{12}C 原子核内含有 6 个质子和 6 个中子，质子数和中子数平衡，为稳定同位素。而 ^{14}C 原子核内含有 6 个质子和 8 个中子，原子核不稳定，会发生 β 衰变，半衰期（半数原子衰变所需的时间）为 5730 年。由于 ^{14}C 释放的 β 射线能量相对较低，一般无法穿透人体皮肤，对人体不会产生明显的电离损伤或生物效应，故 ^{14}C 可用作示踪剂，应用于农业、化学、医学、生物学等领域，研究蛋白质、脂肪、氨基酸等在体内的代谢过程，以及观察药物在体内的代谢和排泄。人们熟知的幽门螺杆菌无创检查就是利用 ^{14}C 标记的尿素口服液进行呼气试验，如果胃内存在幽门螺杆菌，细菌会将尿素分解为氨和 ^{14}C 标记的二氧化碳（CO_2），并通过呼气排出，通过分析呼气样本中的 ^{14}C 含量就可判断是否感染幽门螺杆菌。尽管 ^{14}C 的使用剂量极低且对人体影响微乎其微，但不推荐用于孕妇和幼童。鉴于 ^{14}C 的放射性危险，目前常采用 ^{13}C 稳定同位素标记尿素，通过同位素质谱来更安全地检测幽门螺杆菌感染。

　　在考古学研究中，利用 ^{14}C 放射性同位素可推算出数百年至数万年前的木材、骨骼、毛发和纤维制品等古生物样品的年代。放射性碳定年法由美国物理化学家威拉得·利比（Willard Frank Libby）发明，他因此获得 1960 年诺贝尔化学奖。该测定法的基本原理是基于 ^{14}C 在空气中的迅速氧化，其生成的含 ^{14}C 二氧化碳进入全球碳循环，而动植物存活期间持续从环境中吸收 ^{14}C 元素直至死亡。一旦与生物圈的碳交换停止，其体内 ^{14}C 含量便开始随放射性衰变而减少。通过测定样品中残留的 ^{14}C 含量，就可以计算出其死亡的年代。

　　放射性同位素分为天然放射性同位素和人工合成放射性同位素。地球本身含铀（如铀 -238）、钍（钍 -232）等天然放射性元素，这些天然放射性同位素形成于恒星演化或超新星爆发，而 ^{14}C 在自然界中主要通过宇宙射线与大气中的氮 -14（^{14}N）反应形成。人工放射性同位素通过核反应堆或粒子加速器制造，比如钴 -60 由核反应堆通过中子轰击稳定钴 -59 原子制得，短寿命氟 -18 同位素用粒子加速器制得。原子序数 ≥ 83（铋元素及其后）的元素原子核都不稳定，会发生衰变。第 43 号和第 61 号元素

（锝和钷）没有稳定同位素，所有同位素均具有放射性。

1896 年，法国科学家贝克勒尔（Antoine Henri Becquerel）首次发现铀的天然放射性，并因此于 1903 年获诺贝尔物理学奖。1975 年，第十五届国际计量大会为纪念贝克勒尔，将放射性活度的国际单位命名为贝可勒尔，简称贝可（Bq）。放射性同位素有三种衰变方式，其发现可追溯至 1897 年。卢瑟福和汤姆逊根据磁场中铀放射线的偏转方向，发现铀的放射线有带正电、带负电两种，分别被称为 α 射线、β 射线，不带电的 γ 射线则由维拉德于 1900 年发现，相应衰变被称为 α 衰变、β 衰变和 γ 衰变。在 α 衰变中，放射性原子核自发地释放 α 粒子（氦核，包括 2 个质子和 2 个中子），穿透力较弱，可被纸张阻挡。在 β 衰变中，放出电子和正电子的衰变过程被分别称为 β^- 衰变和 β^+ 衰变。β^- 衰变的本质是放射性原子核中一个中子分裂为一个质子和一个电子，原子核释放电子（β^- 粒子）和反中微子（静止质量几乎为 0 的中性粒子）而转变为另一种核。这种衰变不改变原子核质量数，只是核电荷数增加 1。β^+ 衰变的本质是放射性原子核中一个质子转变为一个中子和一个正电子，原子核释放正电子（β^+ 粒子）和中微子（静止质量几乎为 0 的中性粒子）。这种衰变不改变原子核质量数，只是核电荷数减少 1。在天然放射性元素中，目前还没有发现 β^+ 衰变，这种衰变形式只存在于人工合成放射性元素中。原子核既可自发地放射出 β 粒子，又可通过轨道电子俘获（orbital electron capture）发生衰变。原子核俘获一个轨道电子，可使原子核内的一个质子转变为中子并释放出中微子，这种衰变使原子核质量数不变，但核电荷数减少 1。β 衰变的穿透力比 α 衰变更强，需铝箔屏蔽。而 γ 衰变释放高能光子（γ 射线），此衰变不引起质量数和核电荷数的改变。γ 射线在电磁辐射的频谱中波长最短、光子能量最高，穿透力非常强，需使用铅或混凝土防护，与活细胞接触会造成严重破坏。

五、元素周期表

元素周期表（periodic table of elements）是近代最伟大的科学成就之一，它不仅将各种元素按照原子核电荷数从小到大的顺序进行了有组织的排列，组成了一个完整的自然体系，更反映了各种元素之间的内在联系，揭示了元素性质的周期性以及构成物质世界的基本规律，还是一部充满探索与不断追问的人类认知史。由于元素周期表准确地将各种元素的结构和性质特征联系起来，它在化学及其他科学范畴中被广泛使用，为预测未知元素提供了非常有用的框架指南。

1789 年，拉瓦锡（Antoine-Laurent de Lavoisier）在《化学大纲》中发表了人类历史上第一张《元素表》，他将 33 种元素分为气体、金属、非金属和土质。随着人类对物质世界认识的不断深入，特别是元素从哲学概念转变为科学实体、原子论的提出和各种实验技术的发展，大量新元素被陆续发现。到 1860 年，已知元素已达 60 多种。原子论解答了元素由什么构成的问题，但面对越来越多被发现的元素，科学家们开始进一步探索元素之间的内在联系和组织规律。1860 年，国际化学会议确立了统一的原子量标准，为元素分类提供了关键数据和理论依据。德国化学家德贝莱纳（Johann Wolfgang Dobereiner）最早尝试元素分类，1829 年，他根据元素性质的相似性提出了"三元素组"学说。在当时发现的 54 种元素中，他归纳出五个"三元素组"，包括①锂、钠、钾；②钙、锶、钡；③氯、溴、碘；④硫、硒、碲；⑤锰、铬、铁，并预言了其他 3 个"三元素组"，包括①硼、？、硅；②铍、？、铝；③钇、？、铈。每个"三元素组"中，中间元素的原子量约是其他两种元素原子量的平均值，而且性质也介于两者之间。限于当时的技术条件和大量未发现元素的空缺，"三元素组"分类仅适用于局部元素。1862 年，法国地质学家尚古多（Alexandre-Émile Béguyer de Chancourtois）提出了"螺旋图"分类方法。这种分类方法基于圆柱体表面与底面成 45 度角的螺旋线，并将圆柱体用垂线分成 16 格。将螺旋线起点设为 0，然后按照原子量大小，把当时已知的 62 种元素依次放置在各个交点上，尚古多发现性质相近的元素恰好出现在同一垂直母线上，这是化学史上第一次揭示元素之间存在周期性规律的尝试。但由于其表述不直观，元素排列主要考虑原子量而非化学性质，缺乏预测性，没有预留空白位置给未发现元素等原因，"螺旋图"分类法没有被广泛接受。1865 年，英国化学家纽兰兹（John Alexander Reina Newlands）独立提出了"八音律"分类法。他把元素按照原子量递增顺序排列时，发现元素性质存在周期性重复。从任意一个元素算起，每八个元素组成一个循环，如同音乐中的音阶一样，因此称为元素"八音律"。这种分类法未被接受，直至确立元素周期系，这一重要发现才被重新审视。1887 年，纽兰兹获得英国皇家学会颁发的戴维奖章（Davy Medal），他的研究成果被收录于

《论周期律的发现》(1884)一书。

1869年，俄国化学家门捷列夫(Dmitri Mendeleyev)在总结前人工作的基础上，提出了元素周期律，即元素的性质随原子量递增呈周期性变化。他在俄国化学学会上提交了《元素属性和原子量的关系》这篇具有历史意义的论文，公布了其自制的元素周期表，并翔实地阐述了元素周期律的基本观点。他制作的第一张元素周期表按照原子量排布，其中预留了一些空白位置给当时还未发现的未知元素。1871年，他在《化学元素的周期依赖关系》中修改了他于1869年制作的第一张元素周期表，将竖行改成横排，更加凸显元素的周期性变化。在制作元素周期表的过程中，门捷列夫也曾非常困惑，他发现某些元素性质(比如碲和碘)无法用原子量排序来解释，因此他大胆认为这些元素的原子量测定存在误差并调整了元素顺序，修正了这些元素的原子量。根据元素周期表呈现的变化规律，门捷列夫预言了"类铝"(镓)、"类硼"(钪)和"类硅"(锗)等当时尚未发现的元素，并在之后的几十年中被逐一证实。此后，填补元素周期表中的空白成为各国化学家的重要研究目标。为纪念元素周期表发现150周年，联合国教科文组织将2019年定为"国际化学元素周期表年"。

德国化学家迈耶尔(Julius Lothar Meyer)几乎与门捷列夫同时发现了元素周期律，只是门捷列夫侧重元素化学性质的研究，而迈耶尔侧重元素物理性质的研究。1864年，迈耶尔的第一张包含28种元素的周期表发布在其出版的名著《现代化学理论》中。他将元素周期表分成6个族(纵列)，同族元素的化合价相同，相邻周期之间元素的原子量差值呈现一定的规律。这张元素周期表已具备基本要素，可以称为元素周期表的雏形。迈耶尔的第二张元素周期表于1868年发布在《现代化学理论》第二版中，该表包含52种元素和15个纵列。1869年12月，迈耶尔在一篇论文中发表了含有55种元素的第三张元素周期表。这篇论文附有"原子体积周期性图解"，描述了元素的物理性质随原子量的周期性变化规律。1882年，迈耶尔与门捷列夫因在元素周期律研究领域的卓越贡献共同获得戴维奖章。1955年，为了纪念门捷列夫的伟大贡献，美国科学家将通过原子撞击合成出的101号元素命名为钔(Md)。

正如门捷列夫对原子量排序所感受的困惑，在20世纪初，英国物理学家莫塞莱(Henry Gwyn Jeffreys Moseley)发现原子序数(质子数)才是元素周期律的真正基础，他将元素周期表与原子结构理论结合，形成现代周期表。继劳厄（Max von Laue，因发现晶体对 X 射线的衍射获 1914 年诺贝尔物理学奖）和布拉格父子（Sir William Henry Bragg 和 William Lawrence Bragg，1915 年因通过 X 射线分析晶体结构获诺贝尔物理学奖）证明 X 射线会受到晶体的衍射、巴克拉（Charles Glover Barkla，因 X 射线的散射获 1917 年诺贝尔物理学奖）发现元素特征 X 谱线（也叫标识谱线），英国物理学家、化学家莫塞莱便利用这项技术去测定和比较不同元素的特征 X 射线波长。他发现了 X 射线波长和金属元素原子序数之间的系统性数学关系（莫塞莱定律），即特征 X 射线的波长会随发射元素原子序数的增大而均匀地减小。莫塞莱认为这是因为原子序数增大时原子中的电子数和原子核中的正电荷增加，而核电荷数（质子数）决定了元素的特性 X 射线波长。这一发现正好可以解释门捷列夫当年的困惑：当门捷列夫按照原子量大小顺序排列元素周期表时，发现有些元素性质变化与原子量顺序矛盾，那时他认为是原子量的测定有误差，因此在表中的两个地方变更了排列顺序。莫塞莱证明，如果元素按照核电荷数，即原子核中的质子数（原子序数）进行排列，便无需进行这样的调整。莫塞莱发现原子序数（质子数）是元素周期律的真正基础，近代量子力学则进一步解释了元素周期表中的电子排布规律（如 s、p、d、f 区划分），共同奠定了现代元素周期表的理论基础，使元素周期表的排序依据从原子量修正为了原子序数。

　　元素周期表反映了三大关键规律：①原子序数（质子数）决定元素在元素周期表中的位置；②元素性质（电负性、电离能等）具有周期性，随原子序数递增呈周期性变化；③某些对角线元素具有相似性质，如 Li 和 Mg。图 1-2 是 IUPAC 发布的元素周期表。现代元素周期表包含 7 个横行（周期）和 18 个纵行（族），其中 18 个族分为主族（A 族，ⅠA～ⅦA）、副族（B 族，ⅠB～ⅦB）、Ⅷ族（过渡金属）和 0 族（惰性气体）。迄今为止，化学家们已经发现第 118 号元素（Og）。第 119 号元素已有实验室宣告合成，暂定名称为 Uue，但尚未通过 IUPAC 的最终审核与命名。科学家正在探索第八周期元素（第 119 号元素以后），理论上存在"稳定岛"（原子序数约为 114 ～ 126），预计其中的元素可能具有更长的半衰期。随着人类对物质世界结构认识的不断深入，相信在不久的将来，元素周期表仍会不断更新。

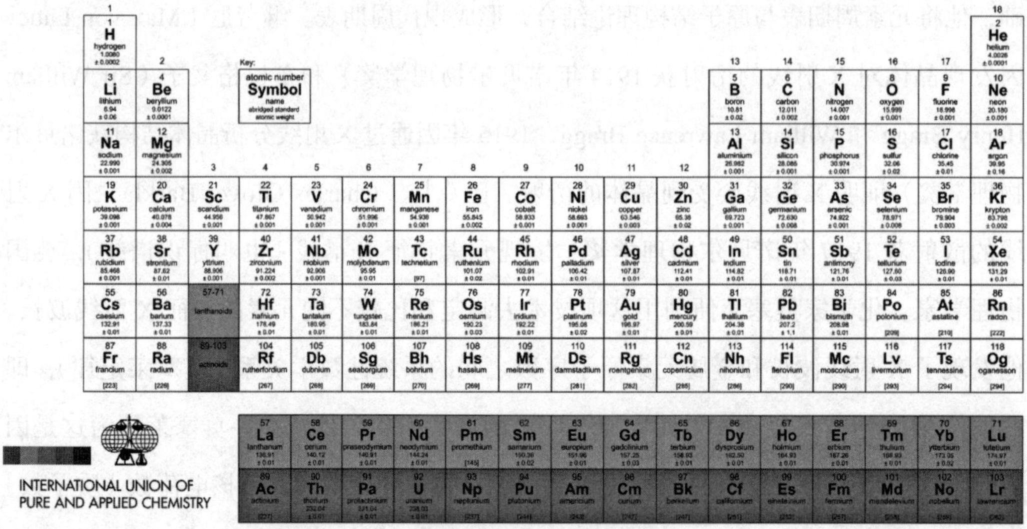

图 1-2　元素周期表

　　元素周期律的发现在化学史上具有划时代意义，它将所有元素纳入一个完整体系，揭示了元素性质随原子序数递增而呈现的周期性变化规律，使化学研究从经验走向理论。元素周期律证明了物质世界在元素层面具有统一性，用理性和逻辑描述了万物的秩序。它不仅是科学史上的伟大成就，更是人类理性思维认识自然的典范，具有深远的科学和历史意义。

六、《元素之声》钢琴曲五线谱

元素之声
The Sound of Elements

作曲：熊岳涛 钟鸿英

元素之声

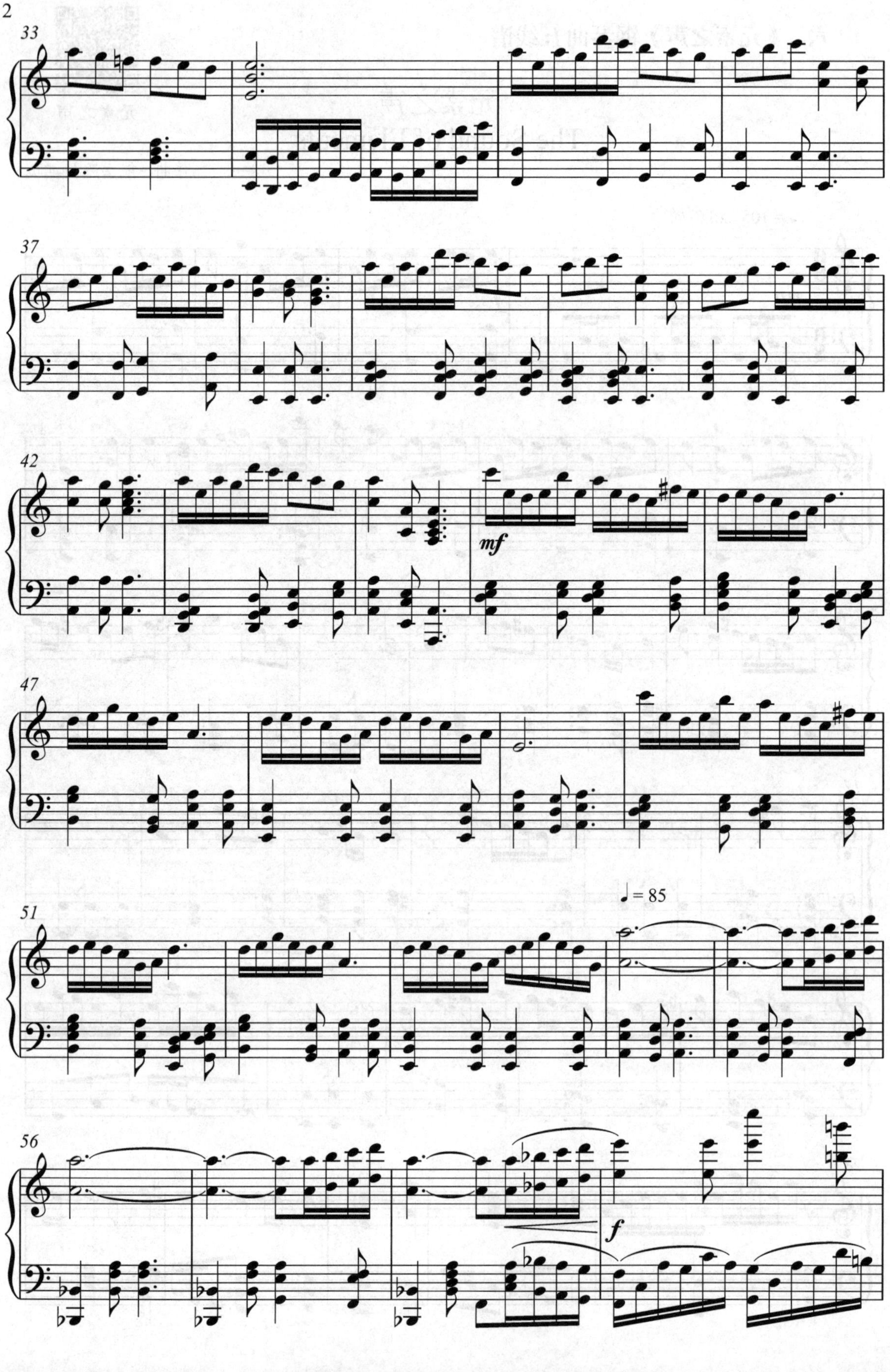
2
33
37
42
mf
47
51
♩= 85
56
f

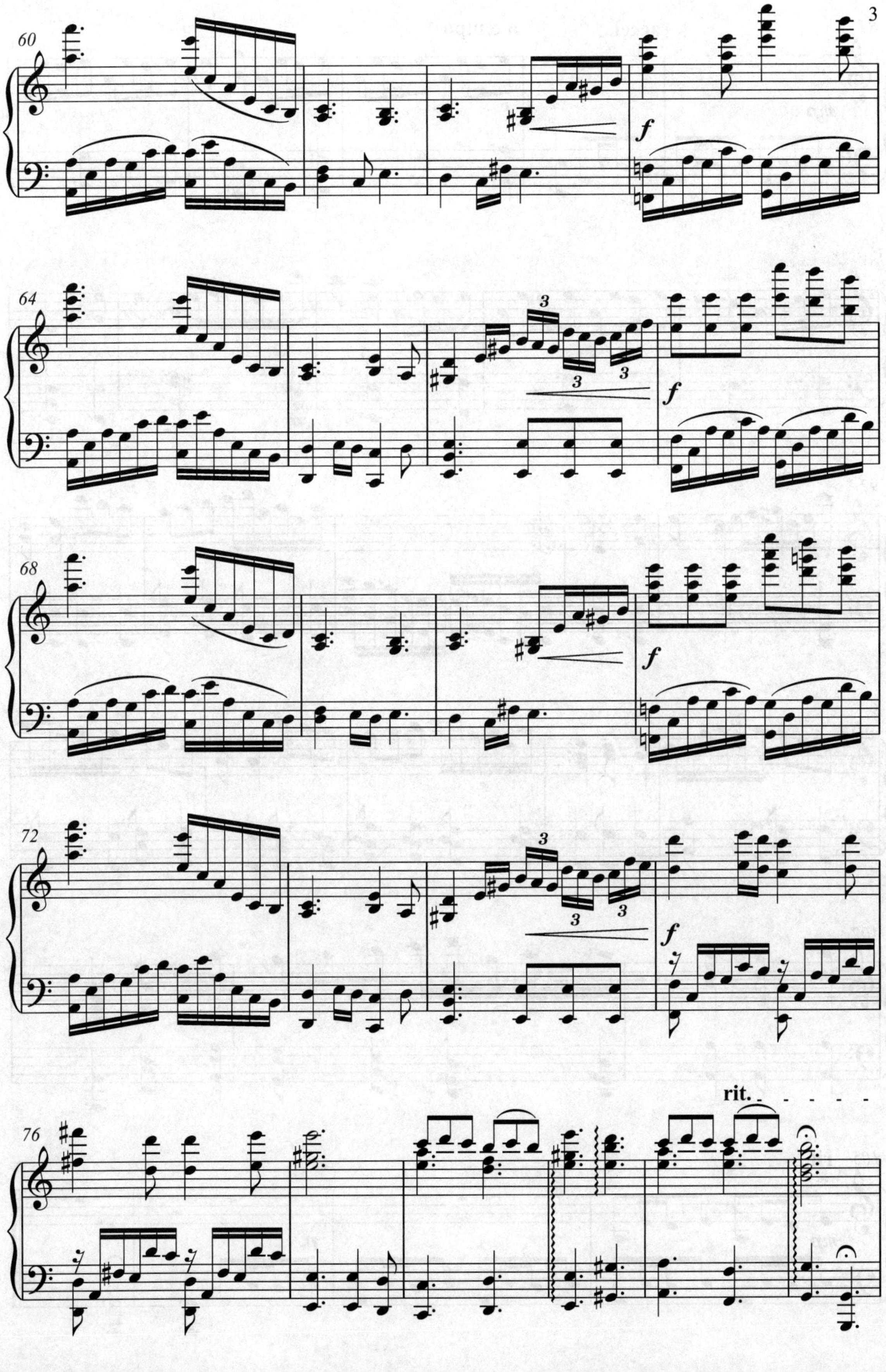
3
60
f
64
3
3
3
f
68
f
72
3
3
3
f
rit.
76

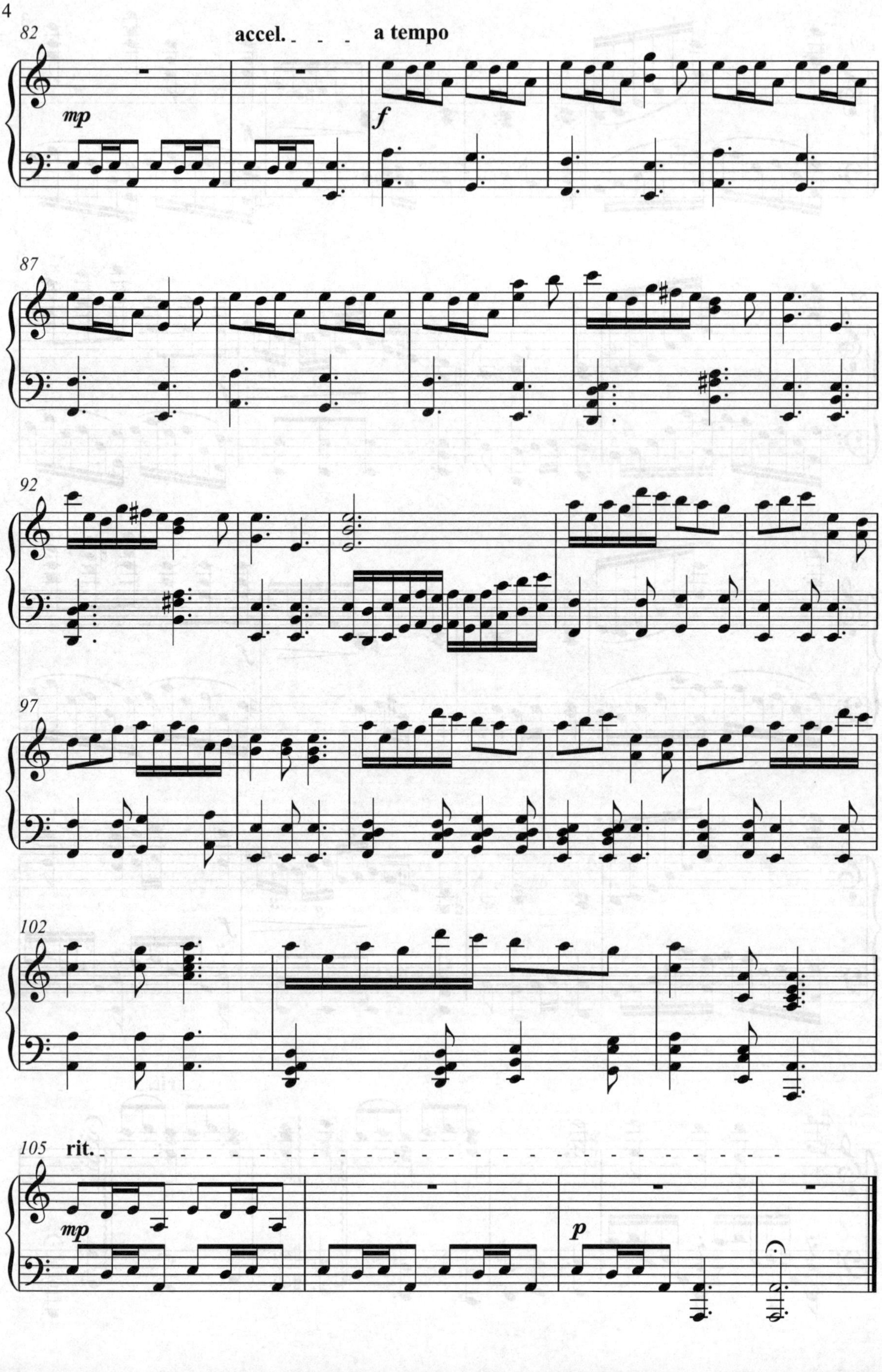
4
82
accel.
a tempo
mp
f
87
92
97
102
105
rit.
mp
p

七、《元素之声》作品赏析

《元素之声》是钢琴组曲《元素之声——电子、原子和分子的音乐故事》的第一首，采用 a 小调，并与 a 多利亚调式切换。该组曲从第二首到第七首逐步增加升号调，以此表现地球从天地开启的洪荒之始，历经不断的地质变迁和生物演化，从原子结合形成分子，到第一个单细胞诞生，直至发展为如今万物共生的多样性生物世界。《元素之声》主调采用 a 小调（自然音阶为 A B C D E F G A），表现洪荒之初的苍茫天地，并铺垫出低沉而深远的音乐底色。切换至 a 多利亚调式（自然音为 A B C D E #F G A）时，其升高的第六音 #F 瞬间打破压抑感，仿佛从黑暗中透出的一束光，将音乐从低沉的小调式转向光明与希望，营造出黑暗与力量的交织感，赋予音乐奇幻和史诗般的色彩，同时丰富了和声层次。

（一）前奏

作品第 1～10 小节为全曲的引子部分（见钢琴曲五线谱第 1 页第 1～2 行）。第 1～2 小节以左手在低音区演奏，采用具有较强推进感的节拍。从第 1 小节的主和弦 E、A 加入辅助音 D 开始，以半小节为一个律动单元，采用的节奏型为前八后十六再加上一个八分音符，最后在第 2 小节 E 音上结束，为后续作铺垫。这种推进感节奏旨在营造出盘古冲破鸿蒙而万物生的景象。第 3 小节将此动机转换至右手的高声部继续扩大、发展，并在第 4 小节、第 6 小节的后半小节中引入属和弦。属和弦是一种以大调或小调的第五级音为根音构建的和弦，具有强烈导向主和弦的倾向性，能营造出一种强烈的方向感和动力感，使音乐从平静转向激昂。同时，借助从低音到高音区的变化，模仿一种由远及近的听觉渐进效果，引领听众的听觉体验从远古穿越到当代，从蔚蓝星球跨越到浩瀚星际。

第 8 小节开始逐渐将音高上移，在第 9 小节达到高点 C 之后大跳回落，产生强烈的对比感，并大量使用十六分音符，为旋律加花的同时保持律动推进。其中四级省略三音九和弦（由根音、大三度、纯五度、大七度、大九度构成的下属和弦）通过移除决定和弦大小性质的关键三音（大三度音），剥离调性标签，将和声重心转向色彩与空间感的塑造，为音乐注入现代感与自由张力，将传统下属和弦的稳定性转变为兼具张力与柔和的复杂色彩。而二级七和弦（由根音、小三度、纯五度和小七度构成的下属组和弦）通过加入 #F 音，改变了原本小调的低沉色彩，增加了音乐的流动性和情感层次，并用于过渡到第 9 小节属和弦上，为之后主和弦的回归作铺垫。这些下属和弦不仅连接主和弦与属和弦，使和声具有完整框架，更以音乐语言表现人类一代又一代对物质世界基本结构永无止境的探索，最终实现从朴素的哲学概念到科学的物质实体的认知飞跃。

（二）主题

作品第 11 ～ 26 小节为全曲的主题乐段（见钢琴曲五线谱第 1 页第 3 ～ 5 行），主要表现人类历经不断探索与实践，在否定之否定的螺旋式上升中，伴随着前进性与曲折性，逐步认识物质世界的基本组成单元——元素，以及元素的基本粒子——原子，最终认知从混沌走向理性和秩序。主题乐段由前奏中第 10 小节主和弦发展而来，第 11 小节在主和弦基础素材 C、A、E 中加入了更多级进的音高进行，推动旋律向上发展，并配合升 F 多利亚调式的明亮积极特征，使旋律线条不断上下波动后于第 14 小节回落到属和弦上，形成乐句的小停顿。此时，左手声部强化属音，推动音乐进一步发展。属音是调式音阶的第五级音，也是和声功能中最重要的音级之一，具有强烈解决到主音的倾向性。它不仅是属和弦的根音，也在旋律、和声、调性建立中扮演核心角色，强化属音是推动音乐发展的核心引擎。

在节奏上，继续沿用第 4 小节的节奏，并强化十六分音符的使用。左手声部在第 12 ～ 14 小节中采用四分音符、八分音符接附点四分音符节奏，其八分音符的短促与附点音符的拉伸形成对比，并赋予乐句动态起伏与弹性活力，使这种节奏组合脱离均分的"机械感"。由附点音符延长营造出"长 - 短 - 更长"层次节奏错落形态，旨在表达元素与原子发现过程中突破常规的开拓创新。

在结构上，作品主题包括前后两个小乐句，前乐句（第 11 ～ 14 小节）与后乐句的开始部分（第 15 小节）构成旋律贯穿，在作品中持续、反复出现，以加强主题的关联性。该节奏一直持续到第 16 小节，并将最后的八分音符进行时值加密处理，变为两个十六分音符。时值加密后，音乐流动速度加快，使音乐瞬间显得更加紧凑、急促，有助于推动情绪上扬，以此彰显激昂的开拓创新精神。

在和声上，该乐段较多地加入了七音，以改变和弦的色彩与张力，形成一种略带碰撞感的听感，例如第 16 小节中的 D、C、D 与 E、D、E。七音与根音形成的音程在声学上属于不协和音程，从而产生听觉上的波动感，以此表达科学探索中不断地上下求索。在第 23 小节中，采用了加入十三音的和弦 G、D、E，以此增加泛音列（基频按照整数倍频率振动的一系列音高）的高频延伸感，就像给声音镀上一层光晕，从而为元素与原子的发现营造出辉煌的史诗般色彩。

（三）第二乐段

作品第 27 ～ 54 小节为全曲的第二乐段（见钢琴曲五线谱第 1 页第 5 行 ～ 第 2 页第 5 行），与主题乐段构成主题乐部，主要表现各种天然元素历经几十亿年沧海桑田，以不同形式融入地球上的生命个体，以及利用回旋加速器人工合成元素的科学突破。

从第 27 小节开始，旋律部分转到左手，旋律从第 1 小节的主题中取材，并将前面出现过的均分八分音符节奏再次发展，通过音乐重现盘古冲破鸿蒙而万物生的景象。右手在高音区进行细碎的和弦分解，并与左手相呼应。和弦分解将和弦的各个音按顺序先后演奏，制造流动的、旋律化的音响效果，赋予音乐动态感、空间感和情感张力，以此象征大自然中各种不同的天然元素。在第 30 小节处双手的节奏结合形成柱式和弦，将和弦所有音符同时发声，形成一种垂直、紧凑的和声效果，与分解和弦的横向流动形成鲜明对比，表现各个元素以不同形式融入生命个体。柱式和弦的类似"音块"效果给音乐塑造出节奏的力量感与庄严性，表现出对生命的敬畏与尊重。

从第 34 小节开始，左手旋律采用属和弦并将属和弦内音与辅助音结合，形成推进线条，将音乐带入下一个部分。在第 35 小节，右手延续第 27 小节的十六分音符节奏继续发展，使之成为作品的第一个小高潮部分。而左手则采用前长后短的前四分音符后八分音符律动节奏增强推动力，模拟回旋加速器中各种粒子的快速旋转。第 39 小节将第 35 小节左手部分的低音加厚变为柱式和声，使音响更加浓厚，表现两个高能原子核对撞产生新元素。

（四）过渡段

第54～58小节为主题乐部与中部的连接部分（见钢琴曲五线谱第2页第5～6行），也被称为过渡段，此段落意在表现同位素的稳定性与放射性，以及通过放射性衰变所引起的元素转化。第54小节速度降低，使音乐舒缓下来，并重复前部分末尾使用的柱式和声伴奏，表现同位素的稳定性。

在旋律上，该段落对第11～18小节的旋律进行进一步发展，更多采用和声内音的跳进处理并使用辅助音，使旋律逐步向下行进。将旋律中小字三组（又称为三音组）的C音一直向下跨越两个八度至小字一组的E音，以此表现元素的放射性衰变和元素转化过程。从第54小节开始，将旋律的时值进行了拉长处理，并采用了降低B音的二级和弦，使得该部分具有大调的明亮色彩，表现人类对放射性同位素的控制与安全使用，也为在第58小节推向下一个高潮部分做好铺垫。

（五）中部

第59～81小节为全曲的中部，也可以称为第二乐部（见钢琴曲五线谱第2页第6行～第3页第6行），主要表现元素周期律的发现和历史意义。该部分的速度略有降低，速度降低是音乐表达的一种常用表现手法，用于引导听众情绪，营造出一种历史的回忆感，仿佛置身于18至19世纪，与拉瓦锡、德贝莱纳、尚古多、纽兰兹、门捷列夫和迈耶尔一起研究元素性质。第59小节将第34小节左右手演奏的内容进行双手交换，使左手前四分音符后八分音符的节奏与右手快速的十六分音符节奏进行交换演奏，并在第61小节处交汇形成柱式和弦织体，使之不断交织、变换、融合，以此表现元素性质随质子数周期性变化，以及元素之间的化学反应。这部分采用具有推动性的节奏，整体旋律勾勒出大山般的轮廓——急转至上又奔流而下。而左手每个连线中的第一个音也形成了不断向上的级进旋律线条F、G、A、C，不断推进着音乐发展，赋予了元素周期律鲜明的音乐形象，用声音勾画了不同元素之间的关系。

在第67小节，对旋律进一步进行了加密处理，打破听众的听觉惯性，使音乐进一步提升紧张度并丰富音乐变化。在第71小节，将旋律变为链条式，进一步加厚旋律。这种先对节奏加密，后对声部加密的表现手法，可显著增强音乐的超现实氛围，以此表现第八周期未知新元素的神秘感和悬疑感。

（六）结尾

第 82 ～ 108 小节（见钢琴曲五线谱第 4 页第 1 ～ 6 行）为全曲的主题再现和结尾，实现音乐结构的回归与升华，再现宇宙万物在元素层面的内在联系和变化规律，以及物质世界的统一性。作品以减缩再现的方式重现主题，赋予作品统一性，并试图唤起听众情感共鸣，营造情绪递进的艺术效果。

在第 104 小节进行了全曲收拢终止，第 105 小节进入全曲尾声，与全曲开始的两个小节进行首尾呼应。在最后四小节中音乐也不断降低速度与力度，最终收拢于全曲主和弦，以音乐形式回放科学史上的伟大成就，彰显人类理性思维的耀眼光辉。

第二章

Melody
of
Amazing
Electrons

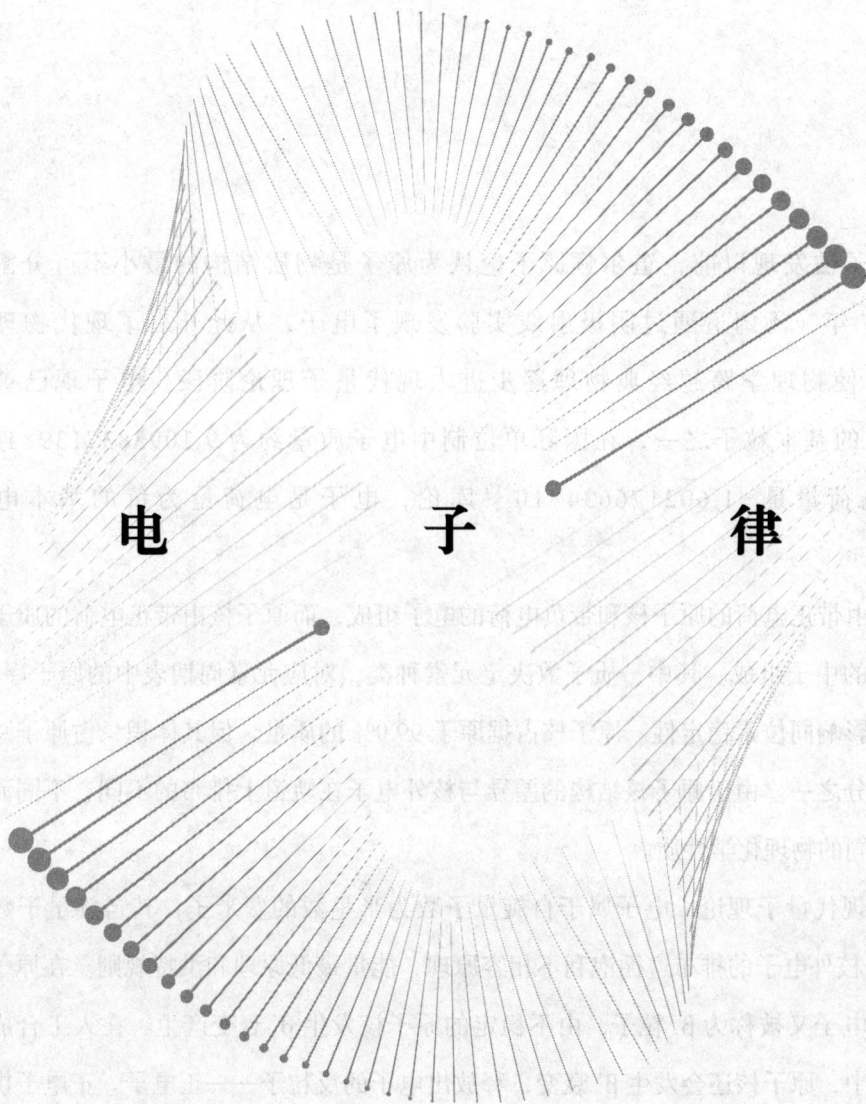

电　　子　　律

在电子被发现以前，道尔顿原子论认为原子是物质结构的最小不可分割单元。1897 年，汤姆逊通过阴极射线实验发现了电子，从此开启了现代物理学新纪元，使物理学跨越经典物理逐步进入现代量子理论阶段。电子现已被证实为物质的基本粒子之一，在国际单位制中电子质量约为 $9.1093837139×10^{-31}$ 千克，电荷量是 $-1.602176634×10^{-19}$ 库伦，电子是电荷量为负的基本电荷单位。

原子由带正电荷的原子核和带负电荷的电子组成，而原子核由带正电荷的质子和不带电荷的中子组成。其中，质子数决定元素种类，对应元素周期表中的原子序数，而中子数影响同位素稳定性。原子核占据原子 99.9% 的质量，但其体积只占原子总体积的十万分之一。由于原子核结构的差异与核外电子在轨道上排布的不同，不同元素呈现出不同的物理化学性质。

按照现代量子理论，电子属于自旋量子数为半整数的费米子，其自旋量子数为 1/2。原子核外电子的排布遵循泡利不相容原理、能量最低原理和洪特规则。在原子核物理中，电子又被称为 β^- 粒子，由不稳定的原子核发生 β^- 衰变产生。在人工合成放射性元素中，原子核还会发生 β^+ 衰变，释放出电子的反粒子——正电子。正电子携带一个正的基本电荷，可以与电子湮灭产生 γ 射线光子。

电子的发现是 19 世纪末物理学的重要突破之一，它彻底改变了人类对物质结构的认知，打破了经典原子模型，促进了量子力学萌芽，推动了现代原子结构理论的建立。这一发现不仅为现代科技发展奠定了基础，更是人类文明发展进程中的关键节点。

一、原子模型与电子的发现

1. 古代原子论

原子模型发展史是人类探索物质本质的伟大见证,从古代纯粹的哲学思辨发展到现代量子力学模型,人们在实践中不断修正了对物质基本组成的理解。古代原子论(公元前 5 世纪~ 19 世纪)主要包括古希腊哲学家留基伯(Leucippus)和德谟克利特(Democritus)首次提出的纯粹哲学思辨原子概念,以及英国化学家、物理学家道尔顿(John Dalton)提出的实心球原子论。道尔顿实心球原子模型的核心观点为原子是最小不可分割的物质结构单元,然而该模型无法解释同位素现象。

2. 汤姆逊葡萄干布丁原子模型

汤姆逊(Joseph John Thomson)于 1897 年通过阴极射线实验首次发现了电子,首次证明了原子可分,否定了道尔顿的实心球原子模型,并于 1898 年提出了葡萄干布丁模型(plum pudding model)。1904 年 3 月,汤姆逊的原子模型发表于当时最权威的英国科学期刊上 ❶。汤姆逊认为,原子是一个均匀分布有正电荷的球体,若干带负电荷的电子在这个球体内运行。这些带负电荷的电子就像葡萄干一样,一颗一颗地镶嵌在球内一个个同心环上。若环上电子的数目不超过某一限度,则这些运动着的电子在环上是稳定的;如果电子数目超过这一限度,则排列成两环,并以此类推至多环,且原子中正负电荷总量相等。在受到激发时,电子会离开原子,产生阴极射线。按照汤姆逊的葡萄干布丁原子模型,电子的增多是造成结构呈周期相似性的原因。虽然这个模型能够在一定程度上解释元素周期性,基于这个模型推导出的 β 粒子散射公式也能与实验结果相吻合,但这一模型于 1911 年被系列 α 粒子散射实验否定。

3. 卢瑟福有核原子模型

从 1909 年开始,英国物理学家卢瑟福(Ernest Rutherford)指导他的学生盖革(Hans Wilhelm Geiger)和马斯登(Sir Ernest Marsden)在曼彻斯特大学开展着

---

❶ Thomson J J. On the structure of the atom: an investigation of the stability and periods of oscillation of a number of corpuscles arranged at equal intervals around the circumference of a circle: with application of the results to the theory of atomic structure[J]. The London, Edinburgh, and Dublin Philosophical Magazine and Journal of Science, 1904, 7(39): 237-265.

名的 α 粒子散射实验（Geiger-Marsden experiments），该实验后来又被称为金箔实验、Geiger-Marsden 实验或卢瑟福 α 散射实验。盖革发明的计数管可以测定肉眼看不见的带电微粒，借助盖革计数管，卢瑟福领导的 α 粒子散射实验迅速取得了突破性进展。实验中，他们用 α 粒子去轰击金箔，并记录穿过金箔的 α 粒子的轨迹。按照汤姆逊的葡萄干布丁原子模型，质量微小的电子均匀分布在正电荷球体中。而 α 粒子是失去两个电子的氦原子，其质量约为电子质量的 7300 倍。当用这样一个重粒子去轰击原子时，质量微小的电子是不能阻挡的。与此同时，根据汤姆逊的葡萄干布丁原子模型，金原子的正电荷物质也均匀分布在整个原子中，也不可能抵挡 α 粒子的轰击。也就是说，α 粒子将很容易地穿过金箔。实验初期，他们得到的实验结果与葡萄干布丁原子模型非常吻合，α 粒子确实很容易地穿过了金箔，即使受金原子的影响方向发生改变，其散射角度也极小。然而马斯登和盖革反复重复这个实验后，他们惊讶地发现，不仅有大角度散射的 α 粒子，而且还有被金箔反射回来的 α 粒子。卢瑟福检验 α 粒子确实被反射回来后，他又测量了反射的 α 粒子总数。测量结果表明，每入射约八千个 α 粒子就有一个 α 粒子被反射回来，这是用汤姆逊的葡萄干布丁原子模型无法解释的。卢瑟福经过仔细思考，发现只有假设正电荷都集中在一个很小的区域内，而且原子质量的绝大部分也集中在这个很小的核心上时，α 粒子正对着这个核心发射后，就有可能散射或反弹，只有这样才能解释 α 粒子的大角度散射和反射。1911 年 5 月，卢瑟福为此在英国权威科学期刊发表了一篇著名论文《物质对 α 和 β 粒子的散射及原子结构》❶。他提出了一个有核原子模型，又叫"原子太阳系模型"或"原子行星模型"。该模型认为，原子的质量几乎全部集中在直径很小的核心区域，这个核心区域被称为原子核，而电子在原子核外绕核沿轨道运动。然而，这个模型存在一个致命弱点，它无法解释电子是如何稳定地存在于核外的，因为正负电荷之间的电场力无法满足稳定性要求。早在 1897 年，约瑟夫·拉莫尔（Sir Joseph Larmor）就证明了加速运动的电子会辐射能量（拉莫尔公式）。因此按照经典电动力学理论，做圆周运动的电子不断受到向心加速度作用，可导致其轨道不稳定并坍塌，最终坠入原子核。

---

❶ Rutherford E. The scattering of α and β particles by matter and the structure of the atom[J]. The London, Edinburgh, and Dublin Philosophical Magazine and Journal of Science, 1911, 21(125): 669-688.

4. 玻尔原子模型

1911 年，比利时化学家欧内斯特·索维尔（Ernest Solvay）邀请当时世界各国顶尖物理学家，对前沿物理学问题展开讨论，在布鲁塞尔召开了第一次索尔维会议（图 2-1），会议主题为"辐射与量子"。会议聚焦黑体辐射、量子假说等前沿问题，讨论了原子模型是否应包含量子理论，其中普朗克明确指出了经典电动力学的局限性。这次会议使物理学家们就量子化达成了初步共识，确认有必要引入与经典电动力学无关的量——普朗克常数（h），该常数又被称为基本作用量子。索尔维会议在物理学发展史上占有重要地位，每三年举办一次，致力于讨论物理学和化学的突出前沿问题。它适逢 20 世纪初期物理学大发展时期，参会者都是当时一流物理学家与化学家。丹麦物理学家尼尔斯·玻尔（Niels Henrik David Bohr）虽未参加第一次索尔维会议，但在这次会议中所讨论的"普朗克量子化能量""爱因斯坦的光电子学说"等为他建立原子模型提供了关键理论支撑。正是受这次会议启发，他将普朗克的量子概念引入了 1913 年提出的原子结构模型中，1922 年他因原子结构和辐射研究获诺贝尔物理学奖。

图 2-1　1911 年 10 月第一届索维尔会议合影

会议主席为荷兰物理学家洛伦兹（Hendrik Antoon Lorentz，前排左四），参会者包括法国数学家、数学物理学家和科学哲学家庞加莱（Jules Henri Poincaré，前排右一）、法国物理学家和化学家居里夫人（Marie Curie，前排右二）、瑞士裔美国物理学家爱因斯坦（Albert Einstein，后排右二）等，前排左三为会议主办者索尔维

1913 年，玻尔在卢瑟福有核原子模型的基础上，逐步建立了玻尔原子模型，又称为卢瑟福 - 玻尔模型。1913 年 7 月、9 月、11 月，英国权威科学期刊连续刊载了被后世称为"玻尔模型三部曲"的三篇论文 ❶，标志着玻尔原子模型的正式提出。在这三篇物理学经典论文中，玻尔首次将量子概念应用于原子结构研究，量子化轨道角动量假说是其原子模型的核心内容之一。该模型成功解释了氢原子光谱的离散性，成为旧量子论发展历程的里程碑。玻尔分别利用该模型分析了氢原子结构，论述了其他原子结构与元素周期表，并探讨了分子结构。

玻尔在卢瑟福有核原子模型的基础上提出了三个假说：①电子能够在围绕原子核的特定稳定轨道（被称为定态轨道）上运动而不辐射能量，并且这些轨道是非连续的、离散的。②电子的角动量是约化普朗克常数的整数倍，而约化普朗克常数等于普朗克常数除以 2π，$\hbar = \dfrac{h}{2\pi} \approx 1.05457266 \times 10^{-34} \text{J} \cdot \text{s}$。③电子可以从一个允许的轨道（能量为 E_2）跃迁到另一个允许的轨道（能量为 E_1），并吸收或发射具有一定频率（ν）的电磁辐射，两个能级的能量之差 $\Delta E = E_2 - E_1 = h\nu$。玻尔原子模型应用了普朗克量子化能量和爱因斯坦光电效应学说——量子跃迁时会辐射离散的能量。不过，与爱因斯坦不同，玻尔坚持经典电磁场的麦克斯韦理论，并不相信光子的存在。

玻尔从电子与原子核的库仑相互作用出发，推导了电子能级和原子半径。电子受库仑力作用，库仑力提供向心力，使电子绕核做圆周运动，见式（2-1），其中 m_e 为电子质量，v 为电子轨道速度，r 为原子半径，Z 为质子数，e 为基本电荷量，ε_0 为真空介电常数。

$$（向心力）\frac{m_e v^2}{r} = \frac{1}{4\pi\varepsilon_0}\frac{Ze^2}{r^2}（库仑力） \tag{2-1}$$

玻尔引入普朗克量子化能量，定义电子轨道角动量（L）只能取约化普朗克常数（$\hbar$）的整数倍［式（2-2）］，其中 n 为整数。

$$L = m_e v r = n\hbar，\ n = 1, 2, 3\cdots\cdots \tag{2-2}$$

❶ Bohr N I. On the constitution of atoms and molecules[J]. The London, Edinburgh, and Dublin Philosophical Magazine and Journal of Science，1913，26 (151): 1-25; 26 (153): 476-502; 26 (155): 857-875.

而电子的能量（E）包括动能和库伦势能，即电子（$-e$）与原子核（$+Ze$）之间的静电势能，如式（2-3）所示。

$$E = \frac{1}{2} m_e v^2 - \frac{1}{4\pi\varepsilon_0} \frac{Ze^2}{r^2} \tag{2-3}$$

将式（2-1）和式（2-2）代入式（2-3），可以得到电子能级的能量表达式，见式（2-4）。可见，电子能量是量子化的，随着量子数（n）增大，能量趋近于 0，意味着电子脱离原子核束缚，原子发生电离。

$$E = -\frac{Z^2 e^4 m_e}{32\pi^2 \varepsilon_0^2 \hbar^2 n^2} = -\frac{R_E Z^2}{n^2} \approx -\frac{13.6 Z^2}{n^2} \tag{2-4}$$

其中 R_E 为里德伯格常数，如式（2-5）所示。

$$R_E = \frac{m_e e^4}{32\pi^2 \varepsilon_0^2 \hbar^2} \tag{2-5}$$

玻尔根据量子化条件推导出的电子能级能量表达式 [式（2-4）]，符合里德伯格（Johannes Robert Rydberg）根据氢原子光谱线得到的波长（λ）经验公式 [式（2-6）]。里德伯格经验公式 [式（2-6）] 描述了从 n_1 能级跃迁到 n_2 能级辐射的电磁波能量，揭示了光谱线的量子本质，证明了光谱离散性源自能级的量子化。

$$E_2 - E_1 = h\nu = R_E \left(\frac{1}{n_1^2} - \frac{1}{n_2^2} \right) \tag{2-6}$$

将式（2-2）代入式（2-1），可得第 n 个轨道的原子半径 r_n，见式（2-7）。可见，电子轨道半径也是量子化的，并与 n^2 成正比，但与核电荷数（质子数 Z）成反比，说明高能级（n 增大）的电子轨道迅速外扩，而核电荷数越大，电子受原子核束缚越紧密，轨道半径越小。

$$r_n = \frac{4\pi\varepsilon_0 \hbar^2 n^2}{Ze^2 m_e} \tag{2-7}$$

对氢原子（$Z=1$）的基态（$n=1$），其轨道半径称为玻尔半径（Bohr radius），见式（2-8）。在后续发展的量子力学模型中，电子没有固定轨道，而是以概率云（波函数）的形式分布，但是其最概然半径，也就是电子出现概率最大的距离，仍然与玻尔半径一致。

$$a_0 = \frac{4\pi\varepsilon_0\hbar^2}{m_e e^2} \approx 5.29 \times 10^{-11} \text{m} \qquad (2\text{-}8)$$

玻尔原子模型的贡献在于引入了量子化概念来研究原子内电子的运动，提出电子只能在特定轨道运动，不辐射能量。但是，该模型仅适用于单电子原子，无法解释原子光谱的精细结构和超精细结构，以及复杂原子光谱，也无法解释塞曼效应。针对这些不足，德国物理学家索末菲（Arnold Johannes Wilhelm Sommerfeld）对玻尔原子模型进行了改进，提出用椭圆轨道代替玻尔原子模型的圆形轨道，并引入轨道主量子数、角量子数等概念，部分解释了氢原子光谱和重元素 X 射线谱的精细结构以及塞曼效应，但是仍然无法解释实验中发现的超精细结构。

玻尔原子模型最大的局限性在于未解释为什么电子轨道角动量必须量子化，仅通过实验结果（氢原子光谱）反推而得。1924 年，法国物理学家德布罗意（Louis Victor de Broglie，1929 年因发现电子波动性获诺贝尔物理学奖）对玻尔原子模型的量子化轨道角动量重新进行诠释，提出物质波理论，他认为电子轨道稳定的原因是电子波在圆周上形成了驻波，因此揭示了玻尔原子模型量子化条件的深层本质。驻波是指两列频率、振幅相同，传播方向相反的相干波（如物质波、光波和声波）叠加形成的一种特殊波动，其波形在空间中固定不动（不传播能量），只有各点的振幅随时间周期性变化。按照驻波条件，电子运动轨道的圆周周长是物质波波长（λ）的整数倍，见式（2-9）。

$$n\lambda = 2\pi r \qquad (2\text{-}9)$$

根据德布罗意的物质波理论，电子的波长可以表述为式（2-10）。

$$h/\lambda = mv \qquad (2\text{-}10)$$

将式（2-9）代入式（2-10）得到

$$m_e vr = n\hbar \qquad (2\text{-}11)$$

这与玻尔的轨道角动量量子化假设一致，物质波理论为玻尔原子模型提供了波动性解释。1927 年，戴维森（Clinton J. Davisson，因电子衍射获 1937 年诺贝尔物理学奖）和革末（Lester H. Germer）的电子衍射实验也验证了电子的波动性。德布罗意物质波理论表明，量子化是波动性的必然结果，并非人为假设，而电子轨道的稳定性源于波动性的驻波条件。该理论将电子运动从经典的粒子图像拓展为概率波，为奥地利物理学家薛定谔（Erwin Schrödinger，1933 年因发现新原子理论获诺贝尔物理学奖）将玻尔的定态轨道转变为波函数奠定了基础，启发了德国物理学家海森堡（Werner Karl Heisenberg，1932 年因创立量子力学获诺贝尔物理学奖）创立矩阵力学。

5. 原子结构的量子力学模型

原子结构的量子力学模型以波函数 ψ 和量子数为核心描述电子行为，彻底革新了人类对原子结构的理解，超越了玻尔原子模型。在牛顿力学体系中，当人们想要知道电子在原子中的状态，可用位置、速度等物理量来描述。然而在量子世界里，这些物理量都没有确定答案。1925 年，薛定谔在德布罗意物质波假说和爱因斯坦光量子假说的启发下，开始探索描述微观粒子行为的波动理论。1926 年，他在《物理年鉴》发表了第一篇关于波动力学的研究论文，首次提出了描述氢原子中电子状态的波动方程，并用波函数 $\psi(r,t)$ 来定义量子系统状态。波函数就好比微观粒子（如电子、光子）的"身份证"，体现其在空间任意位置和任意时间的量子态。不过，虽然薛定谔提出了波函数的数学形式，但他对波函数物理意义的理解是模糊的，他最初认为波函数代表电子的实际物质波分布，电子像云一样弥散在空间中。

1926 年，马克思·玻恩（Max Born）提出了对波函数革命性，也是现在被普遍接受的统计诠释：波函数本身是复数，没有直接物理意义，但其模的平方 $|\psi(r,t)|^2$ 代表粒子在空间某点 x 处出现的概率密度，而非物质实体的分布，在微小区域 Δx 内发现电子的概率为 $P(x,t)=|\psi(x,t)|^2 \Delta x$。这一解释成为量子力学的统计诠释基础，但是薛定谔本人强烈反对概率诠释，爱因斯坦也反对概率诠释。然而，如前所述，虽然戴维森-革末的电子衍射实验证明了电子的波动性，但其探测结果呈现粒子性特征（离散的点），这一实验现象支持了概率诠释。

薛定谔方程是波函数的"运动方程"，见式（2-12）～式（2-15），它描述波函数如何随时间变化。式（2-12）为哈密顿形式的薛定谔方程式，其左边描述了波函数随时

间的变化率 $\left(\dfrac{\partial}{\partial t}\psi\right)$，类似牛顿定律中的加速度；右边的哈密顿算符 $\hat{H}$ 定义了驱动波函数变化的系统总能量，它就像量子力学的"动力引擎"，决定量子系统"如何运动"和"能量多少"。哈密顿算符由系统的动能和势能组成（$\hat{H} = \hat{T} + \hat{U}$），其中动能算符 $\hat{H} = -\dfrac{\hbar^2}{2m}\nabla^2$，其拉普拉斯算符（二阶空间导数）$\nabla^2 = \dfrac{\partial^2}{\partial x^2} + \dfrac{\partial^2}{\partial y^2} + \dfrac{\partial^2}{\partial z^2}$，用以衡量波函数在空间中某点的"平均变化率"，或者说它检测该点与周围点的差异程度，可以理解为"空间变化的敏感探测器"。势能算符 $\hat{U} = U(r,t)$，势能函数 U 取决于系统的库伦势、谐振子势等。哈密顿算符可与时间有关，也可能无关（定态问题）。当与时间无关时，$\hat{H}\psi = E\psi$，哈密顿算符的本征值 E 对应系统的允许能量。量子系统的离散能级类似引擎的"功率档位"，只能在特定能级运行。哈密顿算符中的势能项约束粒子可能出现的区域，就像一个"导航系统"，告诉粒子哪些路能走（高概率区），哪些是禁区（低概率区）。势能项可反映环境对粒子的影响，如原子核的电场、外磁场等。

$$\mathrm{i}\hbar\frac{\partial}{\partial t}\psi = \hat{H}\psi \qquad \text{（哈密顿形式的薛定谔方程）} \qquad (2\text{-}12)$$

$$-\frac{\hbar^2}{2m}\frac{\partial^2\psi(x,t)}{\partial x^2} + U(x,t)\psi(x,t) = \mathrm{i}\hbar\frac{\partial\psi(x,t)}{\partial t} \qquad \text{（一维薛定谔方程）} \qquad (2\text{-}13)$$

$$-\frac{\hbar^2}{2m}\left(\frac{\partial^2\psi}{\partial x^2} + \frac{\partial^2\psi}{\partial y^2} + \frac{\partial^2\psi}{\partial z^2}\right) + U(x,y,z)\psi = \mathrm{i}\hbar\frac{\partial\psi}{\partial t} \qquad \text{（三维薛定谔方程）} \qquad (2\text{-}14)$$

$$-\frac{\hbar^2}{2m}\nabla^2\psi + U\psi = E\psi \qquad \text{（定态薛定谔方程）} \qquad (2\text{-}15)$$

1925 年，沃纳·海森堡（Werner Karl Heisenberg）利用矩阵代数建立了量子力学的矩阵力学理论体系，并以此为基础，于 1927 年在《量子理论运动学和力学的直观内容》一文中，提出了不确定性原理。该原理指出，在微观世界中，一些成对的物理量（共轭变量）无法被同时精确测量，比如不可能同时定位粒子的动量和位置。粒子位置的测量越精确，其动量的测量就越不精确，反之亦然。其测量精度的乘积存在由约化普朗克常数（$\hbar$）决定的下限，其数学表达式为 $\Delta x \cdot \Delta p \geqslant \hbar/2$，类似地，可推导出能量 E 和时间的关系为 $\Delta E \cdot \Delta t \geqslant \hbar/2$。海森堡不确定性原理反映了量子系统的内在性质，体现了波粒二象性。粒子若位置确定（$\Delta x \approx 0$），则动量完全不确定（$\Delta p \rightarrow \infty$），呈现粒子性；若动量确定（$\Delta p \approx 0$），则位置完全不确定（$\Delta x \rightarrow \infty$），呈现波动性。1928 年，玻尔提出了互补性原理，他认为对微观体系（电子、光子）的描述存在粒子性（以能量和动量表征）和波动性（以波长和频率表征）两个侧面，且波动性和粒子性无法同时观测，二者是互补的。玻尔和海森堡于 20 世纪 20 年代在丹麦哥本哈根提出的不确定性原理和互补原理被称为哥本哈根诠释（Copenhagen interpretation），该诠释以马克斯·玻恩对波函数的概率解释为基础，构成了量子力学的标准解释框架。从此，原子结构模型从不可分割的实心球概型发展到概率云概型，这一历程不仅改变了物理学，更重塑了人类对物质本质的理解。

1927 年 10 月举行的第五届索维尔会议是量子革命的关键战场（图 2-2），29 位参

图 2-2　1927 年 10 月第五届索维尔会议合影

会者中有 17 人是诺贝尔奖得主，被称为是物理学史上最豪华阵容。这次会议的主题是"电子与光子"，聚焦当时量子力学的最新进展，围绕电子与光子的量子行为展开了激烈讨论。会上重点讨论了新提出的量子理论，包括海森堡的矩阵力学、薛定谔的波动力学以及哥本哈根诠释。其中，海森堡的不确定性原理成为焦点，爱因斯坦、玻尔等就"电子是粒子还是波"展开了辩论。爱因斯坦反对量子力学的概率诠释，他说"上帝不会掷骰子"，而玻尔则力挺哥本哈根诠释，他回应爱因斯坦"不要告诉上帝怎么做"。这次会议因爱因斯坦与玻尔的量子力学辩论而被称为"最著名的索维尔会议"。尽管未达成一致，爱因斯坦至死都没有接受概率诠释，但是哥本哈根学派的理论逐渐成为主流。

二、核外电子排布基本原则

1. 电子运动状态与量子数

由于核外电子运动状态的变化不是连续的，而是量子化的，其运动状态以量子数（quantum number）来描述。在量子力学中，量子数取值为非连续的整数或半整数，包括主量子数 n、角量子数 l、磁量子数 m_l 和自旋量子数 m_s 四种。其中，前三种从薛定谔方程引出，最后一种是为描述电子的自旋运动而提出。主量子数 n 反映能级高低，决定电子总能量。电子能量越高，离原子核越远，n 越大，取值为 1, 2, 3……。角量子数 l 反映轨道角动量大小，决定电子云形状，取值为 $0 \leqslant l \leqslant n-1$。磁量子数 m_l 反映角动量空间取向，取值范围为 $2l \pm 1$（$-1 \leqslant m_l \leqslant 1$）。角量子数为 0、1、2、3 时，分别对应球形对称的 s 电子云、哑铃型 p 电子云（在空间有 3 个伸展方向）、花瓣形 d 电子云（在空间有 5 个伸展方向）、梅花瓣形 f 轨道（在空间有 7 个伸展方向）。电子自旋方向以自旋量子数 m_s 来表示，其取值为 +1/2 或 -1/2。主量子数 n 越大，能层序数越大，原子轨道的半径就越大。不同能层同种能级的原子轨道形状相似，只是半径不同。相同能层同种能级的原子轨道形状相似，半径相同，能量也相等，只是空间伸展方向不同。

2. 电子云与轨道

核外电子质量小（只有 9.11×10^{-31} kg），运动空间相较于宏观物体而言极小，运动速率大（近光速）。按照原子结构的量子力学模型，电子不具有固定轨道，无法确定其运动轨迹，也无法计算电子在某一时刻所处的位置，只能确定其出现在原子核外空间各处的概率。量子力学模型以概率云的形式来描述电子的空间分布，包括径向分布和角度分布，分别代表电子出现在距核某一距离处的概率（比如1s电子在玻尔半径处概率最大）、电子云形状。由于核外电子的概率密度分布看起来像一片云雾，因而被形象地称作电子云，实际上电子云并非真实存在。

与常规意义上的实体轨道不同，量子力学模型中，电子在原子核外空间的一种运动状态被定义为一个原子轨道。一般是把电子出现概率为90%或95%的空间轮廓勾画出来，这是一种等概率面，这种电子云轮廓图被称为原子轨道，它将量子力学概率分布可视化。概率边界的选择（如90%或95%）会影响轨道的可视化表现，但不影响其物理本质。原子轨道反映电子在原子中的统计行为，而非经典轨道中的固定路径。对于氢原子的1s轨道，其90%概率区域大致位于玻尔半径2.5倍的球内。按照薛定谔方程，不同原子轨道对应不同薛定谔方程解。比如氢原子的1s轨道（量子数$n=1$，$l=0$）和2p轨道（$n=2$，$l=1$），其波函数分别为式（2-16）和式（2-17），其中a_0为玻尔半径，r为电子云径向分布距离，θ为电子云角度分布。

$$\psi_{1s} = \frac{1}{\sqrt{\pi a_0^3}} e^{-r/a_0} \tag{2-16}$$

$$\psi_{2p_z} = \frac{1}{4\sqrt{2\pi a_0^3}} \left(\frac{r}{a_0} \right) e^{-r/2a_0} \cos\theta \tag{2-17}$$

3. 核外电子排布的基本原则

（1）能量最低原理：决定填充顺序

能量最低原理，又称为最小能量原理，它是量子力学基本原理之一，描述了量子系统的稳定性和行为。它以热力学与统计力学为基础，经过多位科学家共同完善。17世纪，德国哲学家、数学家莱布尼兹（Gottfried Leibniz）提出的"自然趋向最经济形式"哲学思想为能量最低原理提供了思想启发。1744年，法国数学家莫佩尔蒂（Pierre-Louis Maupertuis）发表了最小作用量原理，他认为对于所有的自然现象，作用量趋向于最小值，他因此被认为发明了最小作用量原理。而法国数学家、物理学家拉格朗日（Joseph-Louis Lagrange）发展的变分法，又为求解这类极值问题提供了通用数学方法。到19世纪中叶，随着热力学第一定律（能量守恒和转换）和第二定律（熵增）的建立，德国物理学家、生理学家赫尔曼·冯·亥姆霍兹（Hermann von Helmholtz）和英国数学物理学家威廉·汤姆森（开尔文勋爵）等开始研究系统趋向能量最低的稳定性条件。19世纪，美国物理化学家、数学物理家吉布斯（Josiah Willard Gibbs）提出平衡态对应自由能极小值，而不仅是内能极小值。奥地利物理学家、哲学家玻尔兹曼（Ludwig Eduard Boltzmann）则认为在温度为 T 的热平衡系统中，处于不同能量状态的粒子服从玻尔兹曼分布，低温（$T \to 0$）下粒子几乎全部集中在基态（能量最低），虽然热激发可使粒子占据高能态，但概率上仍倾向于低能态。二者为能量最低原理的成型做出了关键贡献。

在量子力学中，能量最低的状态是最稳定状态，系统会自然地演化到其能量最低状态，任何微小扰动也会使系统恢复到能量最低状态。按照能量最低原理，电子总是优先占据能量最低的轨道，使原子趋于稳定。原子轨道能量排序为1s＜2s＜2p＜3s＜3p＜4s＜3d＜……当电子受到光子或其他粒子激发时，它会跃迁到具有更高能量的轨道上。但高能量轨道不稳定，电子很快就会回到低能量轨道，并释放出光子或其他粒子。这一过程成为解释发光和吸收光谱等许多光学和光谱现象的理论基础。

（2）泡利不相容原理：限制电子配对

泡利不相容原理由奥地利物理学家沃尔夫冈·泡利（Wolfgang Pauli）于1925年提出，其核心内容是在同一原子中，没有两个电子的四个量子数（n, l, m_1 和 m_s）完全相同。如果两个电子空间坐标（位置）相同，则它们的自旋必然不同，一个自旋向上（↑），一个自旋向下（↓）。如果它们的自旋相同，则空间波函数必然不同（不占据同一轨道）。泡利不相容原理是量子力学的基本规律之一，阐明了电子在原子中的排布方式，决定了化学元素的电子排布规律（如电子壳层结构、惰性气体的稳定电子构型），解释了金属导电性、半导体能带结构等，为现代化学和固体物理奠定了基础。

根据泡利不相容原理可以推断，每个原子轨道（如1s、2p等）最多可容纳两个电子，且二者自旋相反（$m_s=+1/2$ 和 $m_s=-1/2$）。对于主量子数为 n 的电子层，其容纳的最

大电子数为 $2n^2$。如第二层（$n=2$），最多容纳 8 个电子，其中 2s 轨道含 2 个电子，2p 轨道含 6 个电子（在三个伸展方向的三个轨道 p_x，p_y 和 p_z 各容纳 2 个电子）。泡利不相容原理与相对论量子力学结合，证明费米子（自旋量子数为半整数）必须满足反对称波函数，而玻色子（自旋量子数为整数）满足对称波函数，这成为量子场论中粒子分类的核心标准。泡利不相容原理还奠定了量子统计力学基础，泡利证明电子、质子、中子等费米子必须遵守泡利不相容原理，而光子等玻色子不受限制。这直接促成费米 - 狄拉克统计的诞生，与玻色 - 爱因斯坦统计共同构成量子统计力学的核心。前者描述费米子所依从的统计规律，费米子本征函数为反对称，在费米子的某一个能级上只能容纳 2 个粒子。后者是指玻色子所依从的统计规律，其本征波函数对称，在玻色子的某一个能级上，可以容纳无限个粒子。此外，夸克、轻子等基本费米子的行为也受泡利不相容原理约束，例如质子内部三个夸克的自旋排列、中微子的泡利阻塞效应等。

（3）洪特规则：优化简并轨道排布

1925 年，德国物理学家洪特（Friedrich Hund）在研究原子光谱时发现，许多元素的能级分裂现象无法仅用玻尔 - 索末菲原子模型解释，尤其是多重态的能量顺序。在 1925 年至 1927 年之间，洪特发表了一系列论文，系统总结了电子在简并轨道中的排布规律，后被称为"洪特规则"，主要包括三个方面的内容。

第一，最大自旋规则。电子优先以相同自旋方式占据不同轨道（即自旋平行），如氮原子（N）2p 轨道的三个电子以相同自旋方向填入三个轨道（↑↑↑），以降低库仑排斥能。又如，碳原子（C）的 $2p^2$ 电子排布为 ↑↑，而非 ↑↓。

第二，最大轨道角动量规则。在自旋相同的情况下，电子优先占据轨道角动量（L）最大的状态（即电子尽量分散填入每个轨道）。

第三，总角动量耦合规则。对于未满壳层，总角动量 J 的取值取决于自旋 - 轨道耦合。若壳层电子少于半满，$J=|L-S|$（如稀土元素）；若壳层电子多于半满，$J=L+S$（如过渡金属）。

此外，电子排布遵从半满和全满规则。比如，过渡金属铬（Cr，24 号元素），外层电子实际排布为 $4s^1 3d^5$，而非 $4s^2 3d^4$，这是因为半满的 d^5 更稳定；过渡金属铜（Cu，29 号元素），外层电子实际排布为 $4s^1 3d^{10}$，而非 $4s^2 3d^9$，这是因为全满的 d^{10} 更稳定。

镧系和锕系元素的 4f 和 5f 轨道填充顺序比较复杂，常需参考其他实验数据来判断。最外层电子被称为价电子，反映化学价态和活性。比如，碱金属 Li、Na、K 等最外层电子排布为 $2s^1$、$3s^1$ 和 $4s^1$，这些 s 电子容易失去，从而成为锂离子（Li^+）、钠离子（Na^+）和钾离子（K^+）。而过渡金属未填满的 d 轨道和 f 轨道，决定了过渡金属的变价、磁性等性质。全满和半满轨道决定了元素特殊的稳定性，比如惰性气体氦（He）具有全满的 $1s^2$ 轨道。

洪特提出电子填充规则时恰逢量子力学革命，该规则为后来量子化学中的哈特里 - 福克方法（多电子体系理论计算）提供了经验支持，量子计算中的多电子体系基态设计也依赖洪特规则。洪特规则与泡利不相容原理、能量最低原理结合，共同构成了多电子原子基态电子构型的基础理论，成为解释元素周期表和化学键理论的核心工具，为分子轨道理论和配位化学奠定了基础。

三、无处不在的神秘电子

电子作为物质世界的基本粒子之一，不仅参与构成原子的基本框架，更是广泛存在于自然环境和生命活动中。地球极光（aurora）主要出现在北极和南极，其形成与来自太阳风的高能电子直接相关，质子的作用相对较小。太阳风是由太阳喷发的带电粒子流（主要是电子和质子），其中电子能量通常在 100eV ～ 10keV，足以穿透地球磁场，它们以数百千米每秒的速度飞向地球。当太阳风到达地球时，带电粒子会沿着磁力线方向到达两极。其中电子沿磁力线做螺旋运动，并朝着大气层加速坠落。高能电子撞击氧原子（O）和氮分子（N_2），使它们的电子跃迁到激发态，当受激电子返回基态时，能量以光的形式释放，发出特定波长的光。氧原子（O）分布在高层（100 ～ 400km）大气，受激发产生绿光（557.7nm）和红光（630nm）。氮分子（N_2）在较低高度（90 ～ 150km）被激发，产生蓝光和紫光（391.4nm、427.8nm）。由于氧气（O_2）一般存在于低于 100km 的高空，而极光发生在 100 ～ 400km 的高层大气（热层 / 电离层），这里 O_2 已被太阳紫外线解离为氧原子（O），因此是 O 原子而不是氧分子（O_2）被高能电子激发。

2023 年 11 月 6 日，新疆阿勒泰多地出现红色极光，这是罕见的中低纬度极光现象，由异常强烈的太阳活动和地磁暴共同导致。那时太阳活动区爆发了多次 X 级耀斑（最高级别）并伴随日冕物质抛射（CME），向地球方向喷射了大量高能带电粒子（主要是电子和质子），其速度和磁场强度远超平常，导致地磁扰动指数（Kp 指数）达到 7 ～ 8（强地磁暴级别）。CME 携带的太阳风强烈挤压地球磁层，使通常局限于极区的极光椭圆带向南扩展，此次罕见极光现象反映了太阳活动对地球空间环境的巨大影响。

　　生命过程中的电子传递与生物能量转换密切相关，如果把生命比作乐章，那么电子便是其中跳动着的音符，生命不息，律动不止。细胞呼吸链经线粒体内膜上一系列蛋白质复合体，通过精密的多步电子传递和质子泵送，最终驱动合成"通用能量货币"ATP，其效率与调控机制直接影响细胞生存、衰老及疾病发生。植物光合作用中的电子传递链是自然界最高效的能量转换系统之一，经类囊体膜上一系列蛋白质复合体，通过光驱动的水裂解与电子跃迁，将太阳能转变为生物可利用的化学能。这一精巧的天然设计不仅支撑着地球生命网络，也为人类开发清洁能源提供了重要灵感。

四、《电子律》钢琴曲五线谱

电子律
Melody of Amazing Electrons

作曲：熊岳涛 钟鸿英

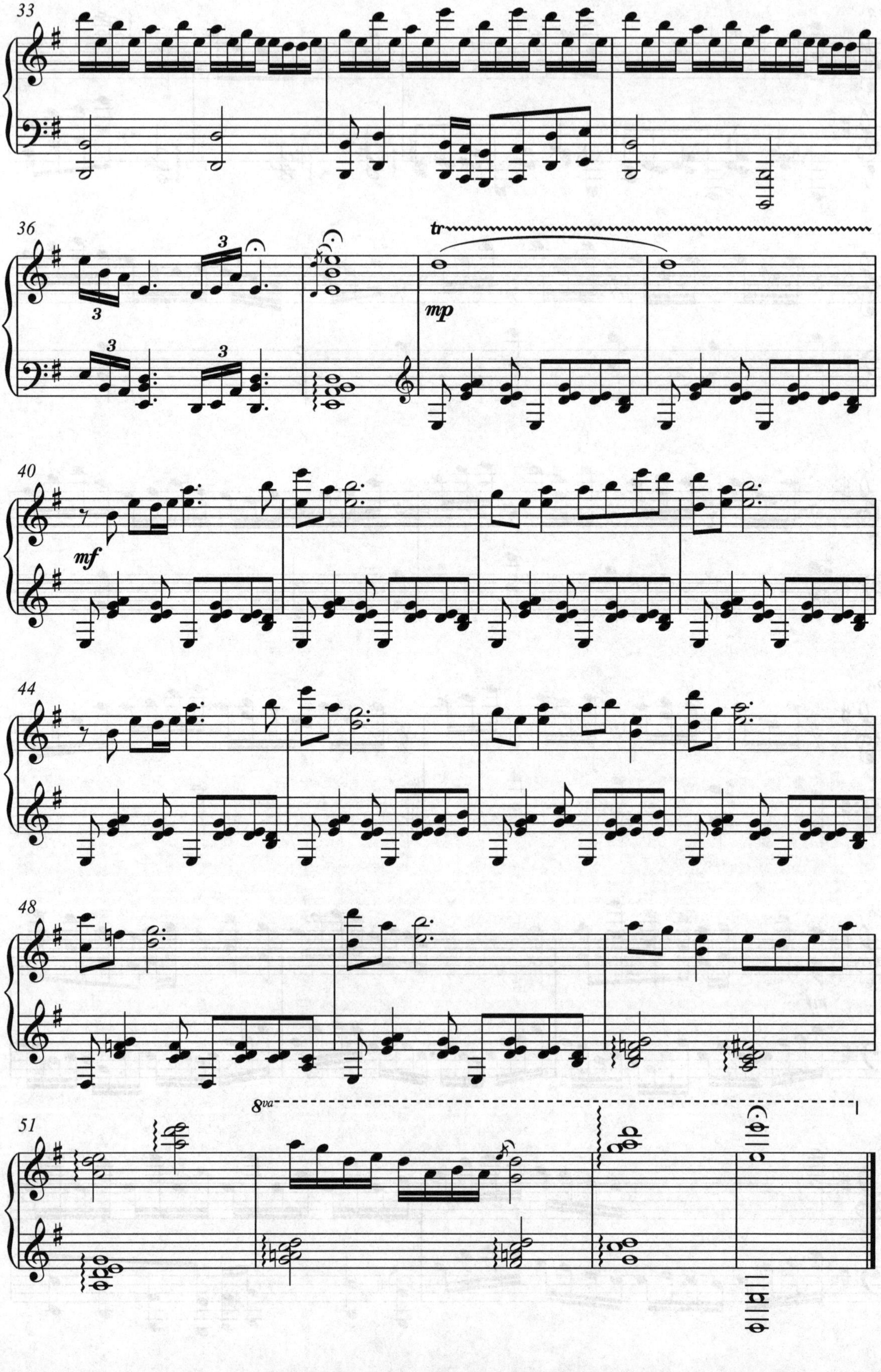
33
36
3
tr
mp
40
mf
44
48
51
8va

五、《电子律》作品赏析

《电子律》旨在表现电子的灵动性、跳跃性、波动性和神秘感，展现从古代哲学思辨到现代量子模型的历史跨越，以及人类对物质世界本质永无止境的探索。全曲将具有东方色彩的 G 宫调和 E 羽调进行反复调式交替，利用 G 宫调的明亮流动感和 E 羽调的神秘流动感，来强化明暗色彩变化和对比，以此营造波动变化的听觉效果。G 宫调和 E 羽调属于中国传统五声调式中的两种不同调式，具有独特音阶结构和音乐色彩。G 宫调以 G（宫音）为主音，五声音阶为 G（宫）-A（商）-B（角）-D（徵）-E（羽），其音程关系为宫 - 商（大二度）、商 - 角（大二度）、角 - 徵（小三度）、徵 - 羽（大二度）和羽 - 宫（小三度），具有明亮开阔的特点。这种宫调式以"宫音"为稳定中心，强调"宫 - 徵"纯五度框架，色彩偏大调性，可表现出电子般轻快、跳跃的旋律，赋予音乐科技感和活力。由于其终止式一般落在宫音（G）上，可给人以完满的收束感和稳定感。E 羽调以 E（羽音）为主音，五声音阶为 E（羽）-G（宫）-A（商）-B（角）-D（徵）。E 羽调是 G 宫调的同宫系统调式，它们共用相同音列。E 羽调的音程关系为羽 - 宫（小三度）、宫 - 商（大二度）、商 - 角（大二度）、角 - 徵（小三度）、徵 - 羽（大二度），具有柔和婉转的特点。羽调式以"羽音"为主音，色彩偏小调性。由于其终止式一般落在羽音（E）上，可赋予音乐一层神秘感和波动感。

（一）前奏

第 1 ～ 7 小节为全曲的引子部分（见钢琴曲五线谱第 1 页第 1 ～ 3 行），采用了"五声纵合和声"，这是一种基于中国传统五声音阶（宫、商、角、徵、羽）的和声构建方法。与西方古典和声的三度叠置不同，"五声纵合和声"通过自由组合五声音阶内的音程来形成独特的和声色彩。由于五声音阶没有半音冲突，听觉上更显得空旷、奇幻。其和声进行自由，不遵循传统功能性和声逻辑，而是通过自由组合和声运动和音程色彩对比来推动音乐发展。在引子部分采用五声纵合和声，既表现电子不拘泥于固定轨道的概率云分布轨迹，又表现人类不断跳出已有框架、不断突破自我的探索创新历程。

从第 1 小节开始，左手琶音所演奏的 D、E、G、A、B 将 G 宫调式的五声音阶完全展现，纵向同时演奏形成五声纵合和声。在这里，琶音将和弦音符按照顺序依次弹奏，而不同时发声，通过音符的连续运动表现电子的波动性，形成连贯的阶梯状轨迹，从而表现电子能级跃迁时吸收或释放的量子化离散能量。右手旋律部分则使用了颤音演奏法，并同时在左手和声中使用了碰撞和声，通过装饰性音符，赋予音乐旋律呼吸感和层次感，表现电子绕核运动的量子化能级。

在旋律上，由最开始的颤音形式，搭配五声音阶的逐步下行，将第 1 小节旋律中 B 音的颤音连接 B、E、D、A，到第 2 小节 A 音的颤音连接 A、D、A、G，以此模拟山谷中鸟鸣与流水等自然音响，呈现声音的逐渐响起与淡去。之后旋律上行再次回落到中音区，最后引子落在主和弦的挂 4 和弦，将主和弦的三音变为四音，以此打破常规和声的机械感，表现自然万物中无处不在的神秘电子，以及生命过程中的电子律动。

（二）主题

第 8 小节至第 21 小节为全曲的主题乐段（见钢琴曲五线谱第 1 页第 3 行～第 2 页第 1 行），调性转为 E 羽调。从第 8 小节开始，左手采用固定低音手法和旋律化伴奏形式，在表现和声的同时也产生 E、A、G、E、G、D 旋律。与此同时，对左手和声强调大二度音程的碰撞，以此产生"碰音"，结合切分节奏形式，形成全曲的基础节律。主题部分主要表现原子核模型和电子发现历程，E 羽调的朦胧感就像人类早期对物质本质和原子结构的困惑，而不断强化的"碰音"犹如一次次思想的火花，引导人类不断探索世界的真相。其间的切分节奏打破强弱拍顺序，通过颠覆常规重音规律，制造节奏"意外感"和动态张力，赋予音乐动感和悬念，隐喻人类一次次冲破思想桎梏，并一步步接近真理的过程。

在旋律上，将前两小节作为基础动机，从二度辅助音开始进行旋律的上行，赋予旋律积极与活泼的色彩。从第 10 小节开始，逐渐引导出全曲主要旋律主题。第 10 小节开始的休止是为了让左右手相互呼应，使右手旋律进行更加灵动。第 10 小节从辅助音出发，大量使用逐渐上行的级进旋律（如 E、D、E 与 A、B），并在第 12 小节处提高旋律音区，表现情绪递进，最后在第 17 小节将旋律落在商音（A）上。在节奏上，主要使用前短后长的顺分节奏，模仿人类语言的轻重音节特征，通过短促的驱动感和延展的释放感，使旋律更易被听觉捕捉，形成流畅的叙事感，将各种原子模型和电子发现的故事娓娓道来。

第 18 小节利用中国传统"旋宫转调"音乐技法，对第 17 小节进行了上行二度的平行处理。这是一种多声部音乐进行方式，使各声部以相同方向和相同音程（这里是二度音程差）同时向上移动。"旋宫转调"技法以共同的音或和弦作为桥梁，实现调性的自然过渡，体现"和而不同"的美学理念，使调性变化如四季轮转一样自然，无剧烈冲突。与"平行五／八度"不同，二度平行会形成密集和声碰撞，产生步步紧逼的推动感和悬疑感，以此表现从汤姆逊发现电子，到卢瑟福有核原子模型、玻尔原子模型，再到现代量子力学模型的发展过程，展现人类不断在前人研究基础上推陈出新的探索轨迹。

（三）对比

第 22 小节至第 37 小节为全曲主题的对比乐段（见钢琴曲五线谱第 2 页第 2 行 ～ 第 3 页第 2 行）。对比乐段主要反映电子的核外排布规律，与电子的自由运动相对比，虽然电子无固定轨道，但是其电子云分布并非随心所欲，而是服从自然法则。在第 22 小节，右手主题旋律出现分层，以表现电子的不同量子数。而右手单音 A 与双音 D、E 和 D、G 分别形成两条可以独立进行的旋律线，用以表现原子之间通过化学键结合、分子之间相互作用，从而形成更复杂的分子，实现特定功能。

在节奏方面，使用了第 10 小节所使用的强拍休止节奏进行音乐发展与强调。采用左手低音来强化旋律的线条感，形成 D、B、D、E、B、A、B 旋律线，使高音与低音相互呼应，以此表现随原子核外电子数增加，外层电子排布出现周期性相似特征。在第 23 小节使用了第 8 小节所使用的切分节奏，并将其时值扩大了一倍，以此延续之前的主题。这种线条感旋律和切分节奏赋予音乐强烈的波动性，以表现元素周期律中核外电子排布的周期性相似。左手在第 26 小节继续使用"旋宫转调"技法，进入 A 宫调旋律。与此同时，将调性传导至右手上，使其在 A 宫调的角音上停留，并同时延续后一小节的左手旋律音。这种左右手交替变换可增强音乐的空间感和叙事性，就像穿越到 20 世纪初的索维尔会议现场，聆听玻尔与爱因斯坦关于"电子究竟是波还是粒子"的世纪之争。

在第 28 小节，低音与第 27 小节的右手旋律连接，形成旋律型分解和声织体。它将和弦音分解为具有旋律线条的连续音符织体形式，来演绎波浪式的分解和弦，从而避免柱式和声机械的块状音响，更好地表现电子自旋如歌的浪漫韵律。此外，在高声部使用了八度加厚方式来逐渐强化旋律色彩，继续采用上行二度音程的级进旋律，制造渐强感和科技感。在节奏上，将主题中左手的固定切分节奏引申发展至右手上继续推进发展，赋予音乐更强的推动力，并使主题节奏继续贯穿发展，最后在第 29 小节后半部分，让右手与左手节奏共振，以此表现泡利不相容原理——两个电子以相反的自旋方向占据同一轨道。

在第 32 小节，引出第 22 小节中的隐伏旋律，并使右手旋律分为上下两个层次，包括主要旋律 G、A、B、D 和相隔八度的 E 重复音。此时左手承接第 28 小节的右手旋律，使其在更加低沉和稳定的音区上重新呈现与发展，就像电子优先占据能量最低轨道，并以相同自旋方向进入不同轨道。

（四）过渡段

第 34 小节至第 37 小节为对比乐段与主题再现之间的连接部分（见钢琴曲五线谱第 3 页第 2 行），过渡段旨在表现高速运动电子的电子云与量子力学模型中原子轨道的统一性。虽然电子没有常规意义的实体轨道，无法确定某一时刻的具体位置，但是可以通过薛定谔方程的波函数解，知道其在某一空间的分布概率，原子轨道就是其可视化的量子力学概率分布。在第 34 小节，整体旋律开始回落，犹如被电子云笼罩，左右手旋律逐渐归于统一，在第 36 小节双手演奏几乎相同的旋律 E、B、A、E、D、E、A、E，直至第 37 小节，以此表现波函数解所代表的电子运动状态。最后收拢于 E 羽音构成的和声上，使音乐呈现朦胧、开放的意境，呼应现代量子力学未解之谜，抒发言有尽而意无穷的审美意蕴。

（五）再现和结尾

第 38 ～ 54 小节为主题乐段的再现段（见钢琴曲五线谱第 3 页第 2 ～ 6 行），旨在再现电子的绕核运动、自旋、能级跃迁和量子化主题。在第 38 小节出现全曲标志性颤音，并在第 40 小节进行主题旋律的再次回顾。其中，颤音通过快速交替演奏两个相邻音高这种装饰性技法，赋予音乐华丽感，以表现人类认识物质世界的辉煌成就。

第 50 ~ 54 小节为全曲的尾声段落（第 3 页第 5 ~ 6 行），旨在表现无处不在的神秘电子。从第 50 小节开始，进入全曲的尾声部分，在此与全曲引子进行了呼应，回顾了主要和声（如第 51 小节的五声纵合和声）与旋律（如第 52 小节的级进旋律），最后结束在音区间距宽大的主音上，并用双手宽大的高频与低频差值来描绘对自然万物电子律的感受。如果把生命比作乐章，那么电子便是其中跳动着的音符，生命不息，律动不止。

第三章

Chemical
Bonds

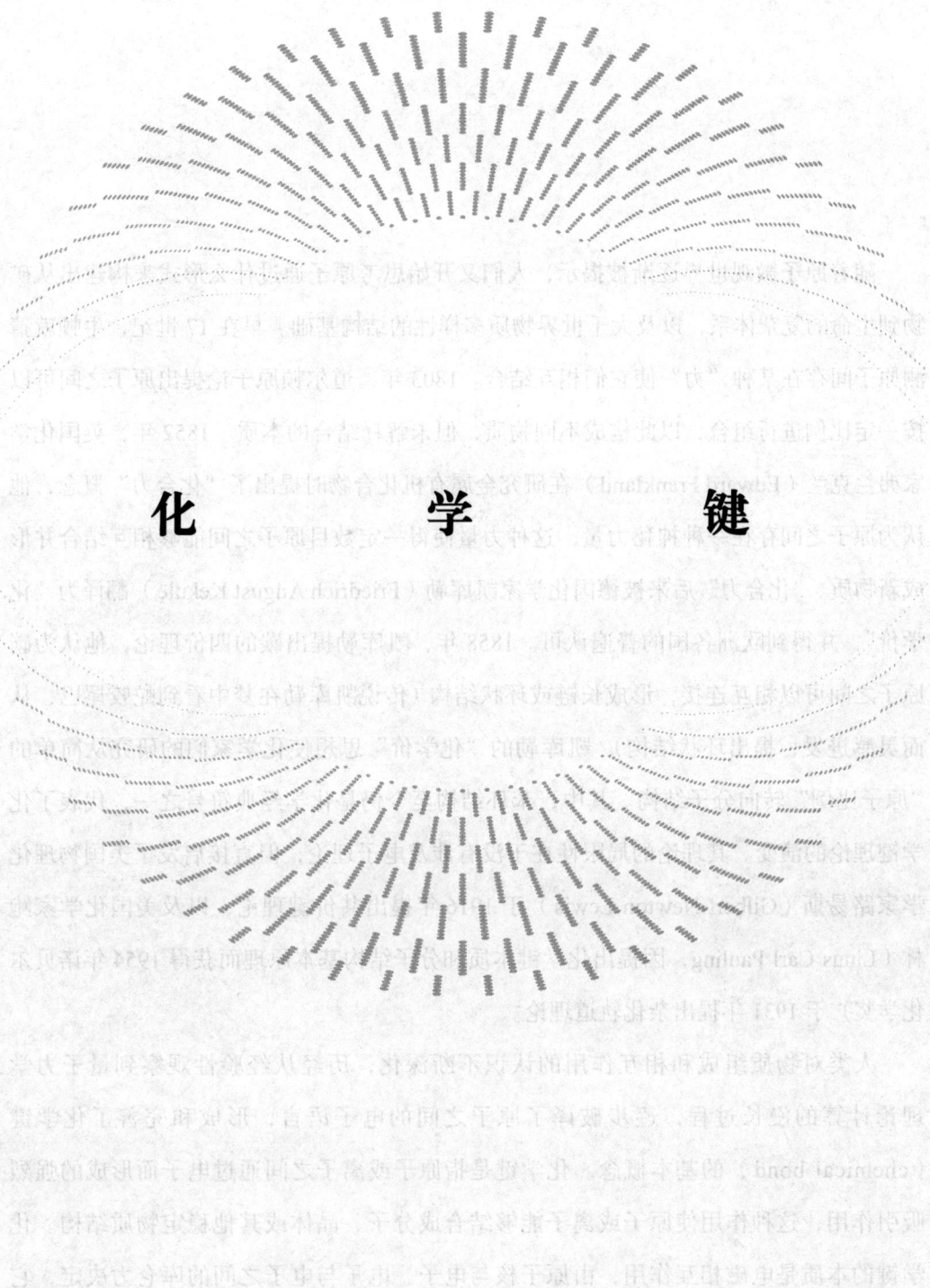

化　　学　　键

　　随着原子微观世界逐渐被揭示，人们又开始思考原子通过什么形式来构建出从矿物到生命的复杂体系，以及大千世界物质多样性的结构基础。早在 17 世纪，牛顿就猜测原子间存在某种"力"使它们相互结合。1803 年，道尔顿原子论提出原子之间可以按一定比例进行组合，以此构成不同物质，但未解释结合的本质。1852 年，英国化学家弗兰克兰（Edward Frankland）在研究金属有机化合物时提出了"化合力"概念，他认为原子之间存在一种神秘力量，这种力量使得一定数目原子之间能够相互结合并形成新物质。"化合力"后来被德国化学家凯库勒（Friedrich August Kekulé）翻译为"化学价"，并得到欧洲各国的普遍认可。1858 年，凯库勒提出碳的四价理论，他认为碳原子之间可以相互连接，形成长链或环状结构（传说凯库勒在梦中看到蛇咬尾巴，从而灵感迸发，提出环状结构）。凯库勒的"化学价"思想使化学家们的研究从简单的"原子比例"转向分子结构。其中，苯环结构至今仍是化学经典符号之一，代表了化学键理论的演变。其理论的局限性在于没有涉及电子理论，但直接启发了美国物理化学家路易斯（Gilbert Newton Lewis）于 1916 年提出共价键理论，以及美国化学家鲍林（Linus Carl Pauling，因提出化学键本质和分子结构基本原理而获得 1954 年诺贝尔化学奖）于 1931 年提出杂化轨道理论。

　　人类对物质组成和相互作用的认识不断深化，历经从经验性观察到量子力学理论计算的漫长过程，逐步破译了原子之间的电子语言，形成和完善了化学键（chemical bond）的基本概念。化学键是指原子或离子之间通过电子而形成的强烈吸引作用，这种作用使原子或离子能够结合成分子、晶体或其他稳定物质结构。化学键的本质是电磁相互作用，由原子核与电子、电子与电子之间的库仑力决定，它是理解物质性质、化学反应和生命现象的基础。

一、化学键类型

化学键是纯净物分子内或晶体内相邻原子或离子之间的强烈相互作用力的统称，按照其形成机制和性质，化学键主要分为三大类，包括离子键、共价键和金属键。

1. 离子键（ionic bond）

离子键理论的提出和发展凝聚了多位科学家的贡献。英国化学家汉弗里·戴维（Humphry Davy）于 1807 年和 1808 年通过电解实验先后发现碱金属和碱土金属，暗示化合物中存在带电粒子。英国物理学家、化学家迈克尔·法拉第（Michael Faraday）于 1834 年提出"离子"（ion）一词，用以描述电解液中迁移的带电粒子。瑞典物理化学家斯万特·阿伦尼乌斯（Svante Arrhenius，1903 年因建立电离学说获诺贝尔化学奖）于 1884 年提出电解质在水溶液中解离成离子，为离子键理论奠定了实验基础。1916 年，德国化学家沃尔瑟·柯塞尔（Walther Kossel）首次系统性地提出离子键（ionic bond）概念，该概念成为现代化学键理论的重要基石。根据汤姆逊的电子发现（1897 年）和卢瑟福有核原子模型（1911 年），柯塞尔从电子转移角度解释了离子键的本质。通过电子得失，中性原子可转变为带电荷的负离子或正离子，而离子键指在正负离子之间的静电吸引，通常存在于电负性差异大的原子之间（通常是活泼金属与非金属之间）。比如，活泼金属（如 Na）失去电子形成正离子（Na^+），活泼非金属（如 Cl）获得电子形成负离子（Cl^-），正负离子通过静电吸引力（库仑力）结合，形成离子键，生成 NaCl 晶体。后来，劳厄与布拉格父子于 1912 年通过 X 射线衍射实验证实离子晶体（如 NaCl）中原子呈规则排列，为离子键模型提供了实验支持。1919 年，德国科学家马克斯·玻恩和弗里茨·哈伯发明了玻恩 - 哈伯循环，并利用热力学原理计算了离子化合物的晶格能，定量验证了离子键强度。同期，美国化学家、物理学家朗缪尔（Irving Langmuir）引入"电价键"（electrovalent bond）一词作为离子键的同义词，并进一步阐明了其静电特性。1939 年，鲍林在《The Nature of the Chemical Bond》一书中，通过电负性标度定量描述了从离子键到共价键的过渡，提出"离子性百分比"概念。

当两种原子的电负性差异较大（通常认为大于 1.7）时，它们之间形成的化学键具有很强的离子性，可以近似地被当作离子键来处理和理解，如在 NaCl 晶体中，Na 与 Cl 的电负性差为 2.1。通过离子键形成的物质一般具有高熔点、易溶于水、熔融态导电等特性。但该理论存在局限性，无法解释某些过渡金属化合物（如 Fe_2O_3）的部分共价性，需用极化理论进行修正。总之，离子键理论可解释离子化合物（如 NaCl）、金属氧化物（如 MgO）的形成与性质，它是化学键理论从"化合价"向"电子相互作用"发展的关键一步。

2. 共价键（covalent bond）

共价键理论的先驱是凯库勒，他于 19 世纪 50 年代提出了碳的四价理论，但其主要是经验性描述，未涉及电子。共价键理论主要由以下两位科学家提出并发展：①美国化学家路易斯（Gilbert Newton Lewis）。他于 1916 年首次提出共价键概念，认为原子之间可通过共享电子对达到稳定结构，并提出八隅体规则（octet rule）。他还用电子点式（Lewis 结构式）来描述离子键和共价键，如 H:H 表示 H_2，H:O:H 表示 H_2O，直观描述分子中的电子对分布。与柯塞尔专注于静电作用本质不同，路易斯更侧重于电子的转移或共享。与离子键不同，共价键中的非金属原子（如 C、N、O）通过共享电子填充外层轨道，而非完全转移电子。例如，H_2 分子中，两个氢原子共享 1 对电子；CH_4 分子中，碳原子与 4 个氢原子各共享 1 对电子。②美国化学家、物理学家朗缪尔（Irving Langmuir）。他于 1919 年推广并完善了路易斯的理论，并命名了"共价键"一词。他提出的分子中电子对空间排布概念，为后续杂化轨道理论奠定了基础。随着量子力学的不断发展，共价键理论也得到相关理论证实。1927 年，德国理论物理学家海特勒（Walter Heinrich Heitler）与德国物理学家伦敦（Fritz London）用量子力学方法处理 H_2 分子，证明共价键的本质是电子云重叠。1931 年，鲍林提出杂化轨道理论，解释了 CH_4 等共价分子的几何构型。同期，美国化学家穆利肯（Robert S. Mulliken）和德国物理学家洪特（Friedrich Hund）提出分子轨道理论，认为电子离域运动于整个分子范围，并借此解释了 O_2 的顺磁性等复杂现象。

σ 键（sigma 键）是共价键的一种基本类型，由原子轨道沿键轴方向"头对头"重叠形成，其电子云分布呈圆柱对称，绕键轴旋转任意角度，其形状不发生改变。它是分子中强度最高的共价键，直接决定分子的骨架结构。σ 键可由以下几种轨道重叠形成：s-s 轨道（如 H_2 中的 H—H 键）、s-p 轨道（如 H_2O 中的 O—H 键）、p-p 轨道（如

Cl_2 中的 Cl—Cl 键）以及杂化轨道（如 CH_4 中 C 的 sp^3 杂化轨道与 H 的 1s 轨道）。σ 键的电子云密度集中在两个原子核之间的键轴区域，呈轴对称（见图 3-1）。与 π 键相比，σ 键轨道重叠程度大，键能更高，其键能通常为 150 ～ 500kJ/mol（比 π 键更稳定）。σ 键可自由旋转，绕键轴旋转不影响轨道重叠，这导致分子构象可变，如乙烷中 C—C σ 键旋转导致构象变化。σ 键可单独存在，也可与 π 键共存。有机物中的单键均为 σ 键，双键 / 三键中 1 个为 σ 键，其余为 π 键（如 C=C 包含 1 个 σ 键和 1 个 π 键，C≡C 包含 1 个 σ 键和 2 个 π 键）。作为有机分子骨架的构成基础，σ 键决定分子的稳定性、反应活性以及有机分子的立体结构。

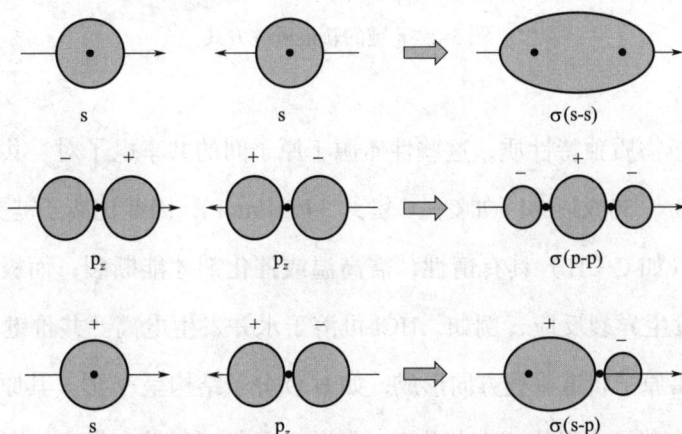

图 3-1 σ 键的轨道重叠方式

π 键（pi 键）是一种重要的共价键类型，它以 σ 键构成的分子骨架为基础，由相邻原子中未参与杂化的 p 轨道以"肩并肩"的方式平行重叠形成。在杂化轨道理论中，sp^2 杂化和 sp 杂化后剩余的 p 轨道可形成 π 键。与 σ 键不同，π 键的电子云分布在键轴平面的上方和下方，形似两个对称的"电子云瓣"（见图 3-2），其轨道重叠程度小于 σ 键（约为 σ 键的 20% ～ 30%），因此键能较弱（如 C=C 中 π 键键能约 264kJ/mol，而 σ 键为 347kJ/mol），易受亲电试剂攻击。π 键不可自由旋转，其刚性结构导致顺反异构现象（如顺 -2- 丁烯与反 -2- 丁烯），也因此可固定分子构型（如肽键的平面刚性）。多个 π 键相连可形成离域的共轭体系（如苯环）。石墨烯是一种特殊长程离域超 π 键体系，其 π 电子在离域系统中可自由移动。π 键的存在方式包括双键（如 C=C、C=O、C=N）、三键（如 C≡C、C≡N）、共轭体系和超共轭体系（σ 键与相邻空 p 轨道的微弱重叠）。

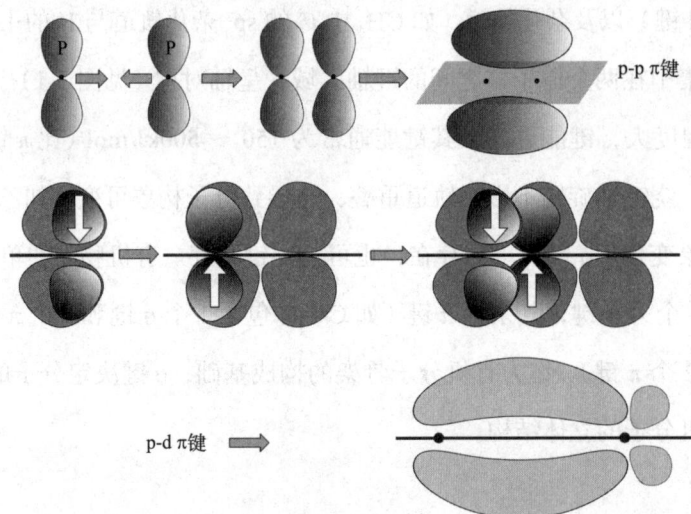

图 3-2　π 键的轨道重叠方式

　　共价键赋予物质独特性质，这些性质源于原子间的共享电子对。共价键的键能较高，通常在 150～500kJ/mol（如 C—C 键约 346kJ/mol），因此比离子键更稳定。其中，非极性共价键（如 C—H）具有惰性，需高温或催化剂才能断裂；而极性共价键（如 H—Cl）更易发生异裂反应，例如，HCl 可溶于水并发生电离。共价键具有方向性和饱和性，一般沿原子轨道重叠方向形成，如 H_2O 分子结构呈 V 形。其原子成键数受价电子数限制，如碳最多形成 4 个共价键。共价分子常以过渡态发生协同反应，典型反应如 Diels-Alder 反应；也可均裂生成自由基，如 Cl_2 在光照下分解为 Cl·，进而发生自由基反应。分子型共价物质通常较软（如蜡、碘晶体），机械性能差，具有较低的熔沸点（一般＜ 300℃）。如果分子间仅靠范德华力结合，作用力较弱，但如果叠加了氢键，可使分子间作用力显著变大，熔沸点提高。共价晶体（如金刚石、SiO_2 等）极硬（金刚石是自然界最硬的物质），因为共价键方向性强、难以断裂，而且脆性大，受外力易沿键方向碎裂。其具有较高的熔沸点（金刚石熔点＞ 3500℃），因为整个晶体由三维共价键网络构成，键能极高。共价键物质大多数不导电，无自由电子或离子，在固态或液态时均不导电。但石墨层内 sp^2 杂化形成的离域 π 电子可导电。另外，半导体（如硅、锗）的共价键在特定条件下也可被激发而导电。按照"相似相溶"原则，极性共价分子（如 H_2O）易溶于极性溶剂，非极性共价分子（如 C_6H_6）易溶于非极性溶剂，但是共价晶体（如金刚石）通常不溶于任何常见溶剂。总之，共价键物质的特性由电子共享的本质决定，这些性质使其在材料科学、生命科学等领域不可替代。共价键理论的诞生，标志着化学研究从宏观现象进入微观电子层面，成为现代结构化学的核心。

1893 年，瑞士化学家维尔纳（Alfred Werner）首次提出配位键化学理论，配位键是共价键的一种特殊形式，用于解释当时无法解释的复合物（如 $CoCl_3 \cdot 6NH_3$）结构。维尔纳的主要贡献在于提出了中心金属原子具有主价（离子键）和副价（配位键），并预言了八面体、四面体等配合物几何构型，这些几何构型后来被 X 射线衍射证实。1913 年，维尔纳因对无机化学分子内的原子连接研究获得诺贝尔化学奖，并被称为配位化学之父。1923 年，美国化学家路易斯（Gilbert N. Lewis）提出电子对理论，将配位键纳入了广义共价键框架。他定义配位键为电子对由单方提供的共价键，并提出了"路易斯酸 / 碱"（受体 / 供体）概念。按照现代定义，配位键又称配位共价键，是一种特殊的共价键，其特点是共用电子对完全由其中一个原子（配体）提供，而另一个原子（受体）提供空轨道接受电子对，它广泛存在于配位化合物（如金属配合物）、某些无机物（如含 NH_4^+ 的化合物）和有机物。其中，电子对供体是具有孤电子对的原子或分子（如 NH_3、H_2O、Cl^-），也称为配体，电子对受体是具有空轨道的原子或离子（如过渡金属离子 Fe^{2+}、Cu^{2+}），成键方式是供体的孤电子对填入受体的空轨道，形成共价键。例如，BF_3 和 NH_3 通过配位作用形成配合物 $F_3B \leftarrow NH_3$，其中硼的空 p 轨道接受氨的孤电子对。配位键由配体（供体）提供电子，受体不提供电子。配位键一旦形成，与普通共价键无本质区别，其键能通常比离子键弱，但比范德华力强（约 $50 \sim 200kJ/mol$）。配位键的方向性与供体孤电子对及受体空轨道方向有关。

配位键的存在形式主要包括三种：①无机配合物。如六氟合铝酸根 $[AlF_6]^{3-}$，由 Al^{3+} 的空轨道接受 F^- 的孤电子对形成。②金属配合物。如铜氨离子 $[Cu(NH_3)_4]^{2+}$，由铜离子接受 4 个氨分子中氮原子上的孤电子对形成。③有机配合物。如血红素和叶绿素，分别由 Fe^{2+} 和 Mg^{2+} 与卟啉环的氮原子形成配位键。

配位键不仅可以解释配合物的稳定性（如 $[Fe(CN)_6]^{4-}$ 的强配位键结构），而且可以解释生物功能分子的作用机制，如血红蛋白利用 O_2 与 Fe^{2+} 的配位键来携带氧气，以及通过金属离子的配位作用来形成生物酶的催化活性中心。在工业上，利用配位键来活化反应物，可研制过渡金属催化剂（如齐格勒 - 纳塔催化剂）。在材料科学与技术研究中，利用金属 - 配体配位键，可创制金属有机骨架（MOFs）材料等。

3. 金属键（metallic bond）

金属原子可以释放价电子而成为阳离子，这些价电子不再属于某个特定原子，而是在整个金属晶格中自由移动，形成"电子气"或"电子海"，带正电的金属阳离子与带负电的自由电子之间通过库仑力相互吸引，形成金属键。这种键合方式使金属表现出独特的物理和化学性质，如导电性、延展性和金属光泽。金属键的提出和理论发展凝聚了几位科学家的共同贡献，经历了一个逐步完善的过程。1900 年，德国物理学家德鲁德（Paul Karl Ludwig Drude）提出了最初的经典自由电子模型［德鲁德模型（Drude model）］，他将金属中的电子视为自由移动的"电子气"，可初步解释金属的导电性和导热性，但是无法解释比热、磁性等量子现象，以及不同金属的熔点差异。1904 年，荷兰理论物理学家洛伦兹（Hendrik Lorentz，因提出电子理论而获得 1902 年诺贝尔物理学奖）对德鲁德的理论进行了改进，对电子气进行了统计力学处理，使其能够更好地解释电导率和热导率。1928 年，德国物理学家索末菲（Arnold Sommerfeld）将量子力学引入自由电子模型，提出了量子自由电子模型，解释了金属的比热、霍尔效应等现象，并引入了费米能级概念，提出"费米气体"理论，该理论解释了电子能级分布。他还引入了费米 - 狄拉克统计，说明只有部分高能电子参与导电。瑞士物理学家布洛赫（Felix Bloch）和法国物理学家、数学家布里渊（Léon Brillouin）于 1928 年共同提出了能带理论，认为金属中原子轨道重叠形成连续能带（导带），电子可在其中自由移动。布洛赫证明电子在晶格中表现为波（布洛赫波），奠定了能带理论的基础。20 世纪 30 年代，随着量子力学的进一步发展，能带理论的完善更加精准地描述了金属键的本质，并解释了导体、半导体和绝缘体的区别。1931 年，威尔逊（Alan Herries Wilson）基于前人研究成果，提出晶体中电子的能级会分裂成能带，不同晶体的能带数目和宽度不同。他根据能带被电子占据的情况，把能带分为价带、禁带和导带。他认为固体中电子的能量大小不连续，电子也因此分布在互不连续的能带上，禁带宽度反映了被束缚的价电子要成为自由电子所必须获得的额外能量。他用能带理论区分导体、半导体和绝缘体，完善了金属键的量子解释。根据能带理论，导体（如 Cu）的导带与价带重叠，电子易跃迁；半导体（如 Si）存在禁带，需能量激发电子；而绝缘体（如金刚石）禁带宽度大，电子难以跃迁。

相比于离子键和共价键，金属键赋予物质许多独特的特点：①没有固定的方向，电子气均匀分布。②无饱和性，一个金属原子可以与周围任意数目的原子成键（数目由晶格结构决定）。③高导电性，其自由电子在外加电场下可定向移动，形成电流。④高导热性，自由电子通过碰撞传递能量。⑤良好的延展性，金属离子层在受力时可滑动，自由电子重新分布，可因此避免断裂。⑥具有金属光泽，因自由电子可吸收并反射可见光，由此产生光泽。⑦不同金属的熔沸点差异大，比如汞在常温下为液态，因为汞的 $6s^2$ 电子难以离域，金属键较弱，且原子半径大，导致熔点低（-38.8℃）。而金属钨的熔点高达 3422℃，是所有金属中熔点最高的。⑧具有高密度，因为金属原子紧密堆积（如面心立方、六方最密堆积），自由电子填充间隙，使结构致密。⑨可以形成合金，可在金属中加入其他元素干扰电子气流动（如在钢中加入碳），提高硬度和耐腐蚀性。

二、分子杂化轨道理论

1931 年，美国化学家鲍林（Linus Carl Pauling）提出了分子杂化轨道理论（hybrid orbital theory），用以解释分子空间构型与原子轨道成键之间的关系。鲍林认为，原子在成键时，其价层轨道（也就是外层轨道）会重新组合，其 s、p、d 等轨道组合形成能量、形状、方向均不同的新轨道（杂化轨道），使分子达到更稳定的结构状态。根据参与杂化的原子轨道类型和数目，杂化类型主要包括 sp（直线型）、sp^2（平面三角形）、sp^3（四面体）、sp^3d（三角双锥）和 sp^3d^2（八面体），分别形成 2 个、3 个、4 个、5 个和 6 个杂化轨道。分子杂化轨道的形成过程可以描述为激发、杂化和成键三步。以 sp^3 杂化形成 CH_4 为例，碳原子（C）基态电子排布为 $1s^2 2s^2 2p^2$，其中一个 2s 电子跃迁至 2p 空轨道，电子排布变为 $1s^2 2s^1 2p^3$。然后 1 个 2s 轨道和 3 个 2p 轨道混合，形成 4 个等价的 sp^3 杂化轨道。每个杂化轨道与氢原子的 1s 轨道重叠，形成 4 个 C—H σ 键，最终形成具有四面体构型的 CH_4 分子。又如，sp 杂化形成乙炔分子（C_2H_2），碳原子（C）基态电子排布为 $1s^2 2s^2 2p^2$，其中一个 2s 电子跃迁至 2p 空轨道，电子排布变为 $1s^2 2s^1 2p^3$。然后 1 个 2s 轨道和 1 个 2p 轨道混合，形成 2 个等价的 sp 杂化轨道。每个杂化轨道与氢原子的 1s 轨道重叠，形成 2 个 C—H σ 键，最终形成直线型的 C_2H_2 分子，其包含 2 个由未杂化 $2p_y$ 和 $2p_z$ 轨道肩并肩重叠而形成的 C—C π 键，分别位于相互垂直的 y 和 z 方向。

杂化轨道重叠程度越大，其键能越强，比如 sp 杂化的 C≡C 键比 sp^2 杂化的 C=C 键键能更大，而 sp^3 杂化的 C—C 单键比 sp^2 杂化的 C=C 双键键长更长。杂化方式会影响分子对称性以及电子云分布，从而影响分子的极性，如 sp^3 杂化形成的 CH_4 为非极性分子，但 sp^3 杂化形成的 NH_3 为极性分子。分子杂化轨道理论完美解释了为什么原子在形成分子时会采取特定的空间排列方式，它使化学键理论从二维走向三维。通过杂化类型的判断，该理论能成功预测分子的结构（包括键长、键角等）、稳定性、极性和反应活性等性质。它说明了原子轨道如何重组形成新的成键轨道，可用于解释 σ 键和 π 键的形成过程。但是，杂化轨道理论仅适用于主族元素形成的分子，过渡金属配合物的成键情况则需用配位场理论来解释。

三、分子间作用力

前述化学键主要反映原子与原子、离子与离子之间的相互作用。而分子之间的非共价相互作用通常被称为次级键，主要包括范德华力、氢键、疏水作用和 π-π 堆积作用。虽然次级键的键能小于共价键和离子键，但其多样性和可逆性使其成为生命活动和材料功能的独特核心，特别是在动态平衡、分子识别和环境响应中起着关键调控作用，在化学和生物体系中扮演着重要角色。

1. 范德华力

范德华力（van der Waals Force）是分子之间的弱相互作用力，对物质的物理性质（如沸点、溶解度和表面张力等）以及生物分子结构（包括蛋白质折叠、染色质重塑、三维构象和分子识别等）有重要影响。1873 年，荷兰物理学家约翰内斯·范德华（Johannes D. van der Waals）提出范德华状态方程，用以描述实际气体与理想气体的偏差，他首次将分子间吸引力纳入物理模型。虽然他没有直接提出"范德华力"概念，但他为分子间弱相互作用的研究奠定了基础，后来这类作用力以他的名字命名，他也因此获得 1910 年诺贝尔物理学奖。范德华力主要包括三种作用力，按作用强度排序依次为取向力、诱导力和色散力。

（1）取向力（Keesom 力，orientation force）

1912 年，荷兰物理学家葛生（Wilhelm Hendrik Keesom）首先提出极性分子间的偶极 - 偶极相互作用，他称之为取向力，取向力后来也被称为 Keesom 力。在极性分子中，电荷分布不均匀，用偶极矩（dipole moment）衡量分子极性大小，它是一个有方向的矢量，其大小等于电荷量与正负电荷中心之间距离的乘积。当两个极性分子靠近时，由于其正负电荷中心不重合，正负电荷中心相互吸引或排斥，最终形成有序排列。取向力的本质是静电相互作用，其大小与分子偶极矩、温度和分子间距离密切相关，特别是会随温度升高而减弱，因为热运动会扰乱分子取向。

（2）诱导力（Debye 力，induction force）

1920 年—1921 年间，荷兰物理学家德拜（Peter Debye）发现极性分子与非极性分子之间存在诱导力，该力后来也称为 Debye 力。当极性分子的偶极电场使非极性分子的电子云发生偏移，会诱导出瞬时偶极矩，从而形成相互作用力。诱导力的本质也是静电相互作用，其大小取决于极性分子的偶极矩和非极性分子的极化率，并与分子间距离的六次方成反比。极化率（polarizability）是描述分子或原子在外加电场作用下，其电子云发生变形（即产生瞬时偶极矩）的难易程度的物理量，反映分子对外界电场的响应能力，它与分子体积、电子数目、化学键类型和分子形状有关。体积越大、电子数目越多，电子云越容易变形。离域的 π 电子比 σ 电子更易变形，长链分子比紧凑分子更易变形。极化率越高，诱导力越强，其大小与溶解度、表面张力等密切相关。

（3）色散力（London 力，dispersion force）

1930 年，德国物理学家伦敦（Fritz London）提出了色散力（dispersion force），用以描述源于瞬时偶极 - 诱导偶极相互作用，它是一种唯一存在于所有极性分子和非极性分子之间的作用力，来源于电子云瞬间不对称分布产生的瞬时偶极。由于电子云的随机运动，即使是非极性分子，某一瞬间正负电荷中心也可能不重合，产生瞬时偶极矩。而这个瞬时偶极矩会诱导邻近分子产生相反的偶极，从而产生相互吸引或排斥。这种偶极不断产生和消失，总体上表现为吸引力。色散力普遍存在于所有分子（包括惰性气体分子和对称分子），尤其对于大分子或大原子，色散力是范德华力的主要贡献者。色散力大小与分子间距离的六次方成反比，随距离增大而迅速减小。在低温下，色散力是主要分子间作用力。色散力也与分子量、电子数、分子形状和极化率有关。分子越大，电子数越多，极化率越大，电子云越易变形，色散力就越强。长链分子比球形分子接触面积更大，色散力也越强。卤素单质的熔沸点随分子量增大而升高，这主要是因为色散力增强。在生物体系中，细胞膜中脂质分子的疏水作用也是依赖于色散力。

2. 氢键

1912 年，美国化学家莫里斯·哈金斯（Maurice Huggins）首次提出了最初的"氢键"概念，表明氢键具有部分共价性质，但当时未引起广泛关注。1920 年，美国化学家温德尔·拉蒂默（Wendell Latimer）和罗德布什（Worth Rodebush）明确提出氢键是水分子间存在特殊作用力的原因。1923 年，吉尔伯特·路易斯（Gilbert N. Lewis）的酸碱理论间接支持了氢键的存在。1931 年，美国化学家、物理学家和人文学家鲍林（Linus Carl Pauling）在《美国化学会志》发表论文，系统解释了氢键的本质。1939 年，鲍林在《The Nature of the Chemical Bond》中系统地阐述了氢键形成原理及其在分子结构中的作用，为现代化学和生物学研究奠定了基础。1951 年，鲍林利用氢键理论预测了蛋白质 α 螺旋和 γ 螺旋二级结构，他与同事罗伯特·科里（Robert Corey）和赫尔曼·布兰森（Herman Branson）在《美国科学院院刊（PNAS）》发表了两篇里程碑式的论文：①《蛋白质结构：多肽链的两种氢键螺旋构象（The Structures of Proteins：Two Hydrogen-Bonded Helical Configurations of the Polypeptide Chain）》，提出了 α 螺旋和 γ 螺旋模型。②《多肽链两种螺旋构型的原子坐标与结构因子（Atomic Coordinates and Structure Factors for Two Helical Configurations of Polypeptide Chains）》，详细论证了 α 螺旋的氢键排布和稳定性，而 γ 螺旋不稳定，在天然蛋白质中极其罕见。后来，X 射线晶体学家约翰·肯德鲁（John Kendrew）和马克斯·佩鲁茨（Max Perutz）通过对肌红蛋白和血红蛋白的结构分析，证实了 α 螺旋的存在，并因此获 1962 年诺贝尔化学奖。鲍林通过系统研究将氢键从现象层面提升为理论高度，并将其应用于结构化学、分子生物学等领域，阐明了氢键在 DNA 碱基配对、蛋白质折叠等生命过程中的关键作用，这一概念后来被美国生物学家、遗传学家沃森（James Dewey Watson）和英国生物学家、物理学家克里克（Francis Harry Compton Crick）应用于 DNA 双螺旋结构和其他分子生物学研究。鲍林是历史上唯一两次单独获得诺贝尔奖的科学家，他于 1954 年因化学键理论方面的研究获诺贝尔化学奖，于 1962 年因在和平利用原子能方面的贡献获得诺贝尔和平奖。

按照现代定义，氢键是一种特殊的分子间或分子内相互作用，其本质为静电吸引作用，它是由电负性较大的原子（如 N、O、F）与氢原子（H）形成的一种次级键。氢键一般用 X—H…Y 来表示，其中 X 和 Y 代表 F、O、N 等电负性大而原子半径较小的非金属原子，实线表示极性共价键，虚线表示氢键。X 和 Y 可以是相同元素，也可以是不同元素。X 具有较高的电负性，可以稳定负电荷，因此 X—H 中的氢原子（H）易解离，给出带正电荷的质子 H^+。而 Y 因电负性大，电子云偏向 Y，因此 Y 带部分负电荷，并且 Y 一般是含有孤对电子的原子，容易结合氢质子，因此 Y 原子与 H 原子因静电吸引而形成氢键。氢键强度约为 10 ~ 40kJ/mol，比化学键（共价键、离子键）弱，但比范德华力强。它具有方向性和饱和性，一般沿供体—氢…受体方向呈近似直线排列（如 O—H…O），而且一个氢原子通常只能形成一个氢键。不仅不同分子之间可形成分子间氢键（如水分子间、DNA 双链中的碱基配对），而且同一分子内也可形成分子内氢键（如邻羟基苯甲酸中的 O—H…O）。

形成氢键可影响物质的物理性质（如熔点、沸点、溶解度），水分子间氢键使其具有高沸点和高比热容，因液态水分子之间存在氢键，其密度高于固态冰。氢键也是维持大分子（特别是 DNA 和蛋白质）结构的主要作用力，碱基对（A-T、G-C）通过氢键配对维持遗传信息的稳定，蛋白质的 α 螺旋和 β 折叠依赖氢键维持空间结构。在超分子化学领域，氢键还可驱动分子自组装成具有更高层次的复杂结构，即"超分子"，如病毒衣壳、细胞膜脂质双分子层。

其实，自"氢键"这一概念被提出以来，其本质一直就没有定论，因为从来没有人真正在实验中见过氢键的模样。它究竟仅仅是一种分子间弱静电相互作用，还是存在部分电子云共享？直到 2013 年，国家纳米科学中心研究员裘晓辉及其团队成员对非接触原子力显微镜进行了核心部件创新，终于首次直接观察到了氢键，为"氢键的本质"这个长达多年的争论提供了直观证据。他们在《科学（Science）》发表了一篇里程碑式的论文《Real-Space Identification of Intermolecular Bonding with Atomic Force Microscopy》，首次在实空间直接解析了氢键的电子密度分布（键长、键角），分辨率达到原子级（亚埃尺度），清晰地展示了氢键的方向性（如 O—H···N 键角接近 180°），并定量测定了氢键的键长（约 1.7Å）和相互作用能，实验结果与理论计算一致。这一成果直接证实了氢键的部分电子云共享，支持了氢键的现代定义，表明氢键介于静电相互作用与弱共价键之间。

3. 疏水作用

早在 19 世纪，人们就已经注意到油水不相溶的现象，但未从热力学角度进行解释。1937 年，美国生物物理学家坦福德（Charles Tanford）的导师柯克伍德（John G. Kirkwood）发现了极性溶剂中非极性分子的排斥效应。1945 年，美国生物化学家考兹曼（Walter Kauzmann）在《化学评论》发表论文，首次用熵解释蛋白质折叠中的疏水作用，提出了"疏水性塌陷"（hydrophobic collapse）概念。1959 年，坦福德进一步量化了疏水作用对蛋白质稳定性的贡献。1980 年，美国物理化学家罗斯基（Peter Rossky）和钱德勒（David Chandler）通过统计力学阐明了疏水作用的分子机制。按照现代定义，疏水作用是指非极性分子（又被称为疏水物质）在水环境中自发聚集，以减少与水接触面积的现象。其本质是熵驱动而不是传统力驱动的热力学过程，它是生物过程（如蛋白质折叠、细胞膜形成等）和化学自组装的关键驱动力。

疏水作用的热力学本质是熵增加，焓贡献较小。疏水物质与水分子不同，水分子在疏水物质周围会形成类似冰晶的高度有序"笼状结构"，导致系统熵降低。但是当疏水分子聚集时，有序水层被释放，系统熵显著增加（$\Delta S > 0$），从而推动过程自发进行。疏水分子间的范德华力作用较弱，主要驱动力来自水的重组。疏水作用主要表现为三种形式：①疏水分子聚集。在疏水作用驱动下，油滴在水中会自发合并。②蛋白质折叠。疏水氨基酸残基埋入内部，而亲水部分暴露于水。③细胞膜形成。磷脂的疏水尾部自发朝内排列，亲水部分朝外排列。利用疏水作用，可以优化药物与靶标蛋白的结合，比如使抗癌药物穿透细胞膜。疏水作用的最大特点是熵驱动，另外还具有温度依赖性，低温时熵效应弱，高温时显著，与氢键相反。其本质是一种非经典力，是一种由溶剂（水）重组导致的表观效应，而不是单纯疏水分子间的固有作用力或范德华力。此外，疏水作用强调热力学机制，因此与描述分子在脂肪中溶解性的亲脂性也不同。

4. π-π 堆积作用

π-π 堆积作用（π-π stacking）是芳香环中离域 π 电子云之间的非共价相互作用，在化学、生物化学和材料科学中具有重要意义。1945 年，英国晶体学家凯瑟琳·朗斯代尔（Kathleen Lonsdale）最早发现了 π-π 堆积现象，她通过 X 射线衍射发现苯环在晶体中倾向于平行排列，首次从实验中观察到芳香环的堆积现象，但未提出明确的理论解释。1952 年，迈克尔·德瓦（Michael Dewar）提出了"π-复合物"概念，认为芳香环间相互作用可能涉及 π 电子云的吸引。他在研究论文《A Molecular Orbital Theory of Organic Chemistry —— I. General Principles》中初步讨论了芳香环通过 π 电子云形成复合物的可能性，认为某些芳香分子（如苯与四氰基乙烯）的相互作用涉及 π 电子供体 - 受体机制，而不是经典的共价键。1966 年，美国化学家罗纳德·布雷斯洛（Ronald Breslow）在研究芳香取代反应时，明确提出了 π-π 相互作用（π-π interactions）是稳定分子复合物的关键因素。布雷斯洛系统性地提出了芳香环之间的面对面堆积（stacking），他认为这是一种重要的非共价相互作用，可稳定分子复合物。他还通过实验证明了这种相互作用在核酸碱基配对、酶活性位点，以及有机化学反应中的重要作用，发现 π-π 堆积作用强度与芳香环的电子密度和取代基效应密切相关。1967 年，印度晶体学家、化学家克里希南·文卡泰桑（Krishnan Venkatarajan）与英国晶体学家（J. M. Robertson）合作，通过晶体结构统计，系统分析了芳香环在晶体中的堆积模式，提出了三种堆积模式的几何构型：平行位移（parallel displaced）堆积、边对面构型（Edge-to-Face）、倾斜（slanted）堆积，并发现堆积距离与芳香环的电子密度和取代基性质相关。后来，他还进一步研究了杂环化合物（如吡啶、卟啉）和生物分子（如嘌呤碱基）的堆积行为，并与其他科学家合作分析了温度、压力对堆积模式的影响。

传统认为，π-π 堆积作用是电子云重叠造成的，由芳香环的 π 电子云之间的静电相互作用（包括偶极 - 偶极相互作用、偶极 - 诱导偶极相互作用等）和色散力（London 力）共同驱动，但近年研究表明，色散力（电子云瞬时偶极）可能起主导作用。1996 年，英国理论化学家安东尼·斯通（Anthony Stone）在专著《The Theory of Intermolecular Forces》中系统阐述了对称性适配微扰理论（symmetry-adapted perturbation theory，SAPT），并利用 SAPT 对分子间相互作用进行了能量分解，发现

π-π 堆积作用的主要成分是色散力（占比 60% ～ 80%），而不是静电相互作用或轨道重叠。1996 年，他与捷克理论化学家帕维尔·霍布扎（Pavel Hobza）合作，通过 SAPT 结合高精度计算，进一步验证了色散力在生物分子 DNA 碱基对堆积中的作用。同时，美国理论化学家罗伯特·G·帕尔（Robert G. Parr）利用密度泛函理论（DFT）和后哈特里 - 福克（post-Hartree-Fock）方法计算了苯二聚体，证实色散力主导了 π-π 堆积作用的吸引力部分。2013 年，中国物理化学家裴晓辉团队在《科学（Science）》上发表的里程碑式论文，揭示了 π-π 堆积作用与氢键电子云分布的本质差异，发现 π-π 堆积作用电子云分布弥散，而氢键电子云局域。大量事实表明，色散力在非极性芳香环间占主导，而静电相互作用和电荷转移贡献较小，实验获得的 π-π 堆积作用最优距离（3.3 ～ 3.8Å）与色散力作用范围也非常吻合。

π-π 堆积作用的能量一般约为 4 ～ 8kJ/mol，强度比氢键弱，但叠加后作用显著。在 π-π 堆积作用的三种几何构型中，平行位移（parallel displaced）最为常见，其芳香环部分重叠，可避免直接静电排斥，结构最稳定。在 T 型（T-shaped）边对面构型中，苯环的 π 电子云与另一环的氢原子相互作用，稳定性较弱。倾斜堆积介于前两者之间。取代基效应、环共轭程度和溶剂极性均会影响 π-π 堆积作用，吸电子基团（如硝基）会减弱堆积作用，供电子基团（如甲氧基）可能增强堆积作用，大环共轭体系和非极性溶剂有利于增强 π-π 堆积作用。

化学键理论与实验技术的诞生与发展是化学科学史上的重要里程碑，不仅重塑了人类对物质本质的理解，更推动了技术革命与跨学科融合。从抽象的原子结构到量子云图景，人类在一次次反思中不断接近真理，每一次突破都催生出新的技术文明。

四、《化学键》钢琴曲五线谱

化学键
Chemical Bonds

作曲：熊岳涛 钟鸿英

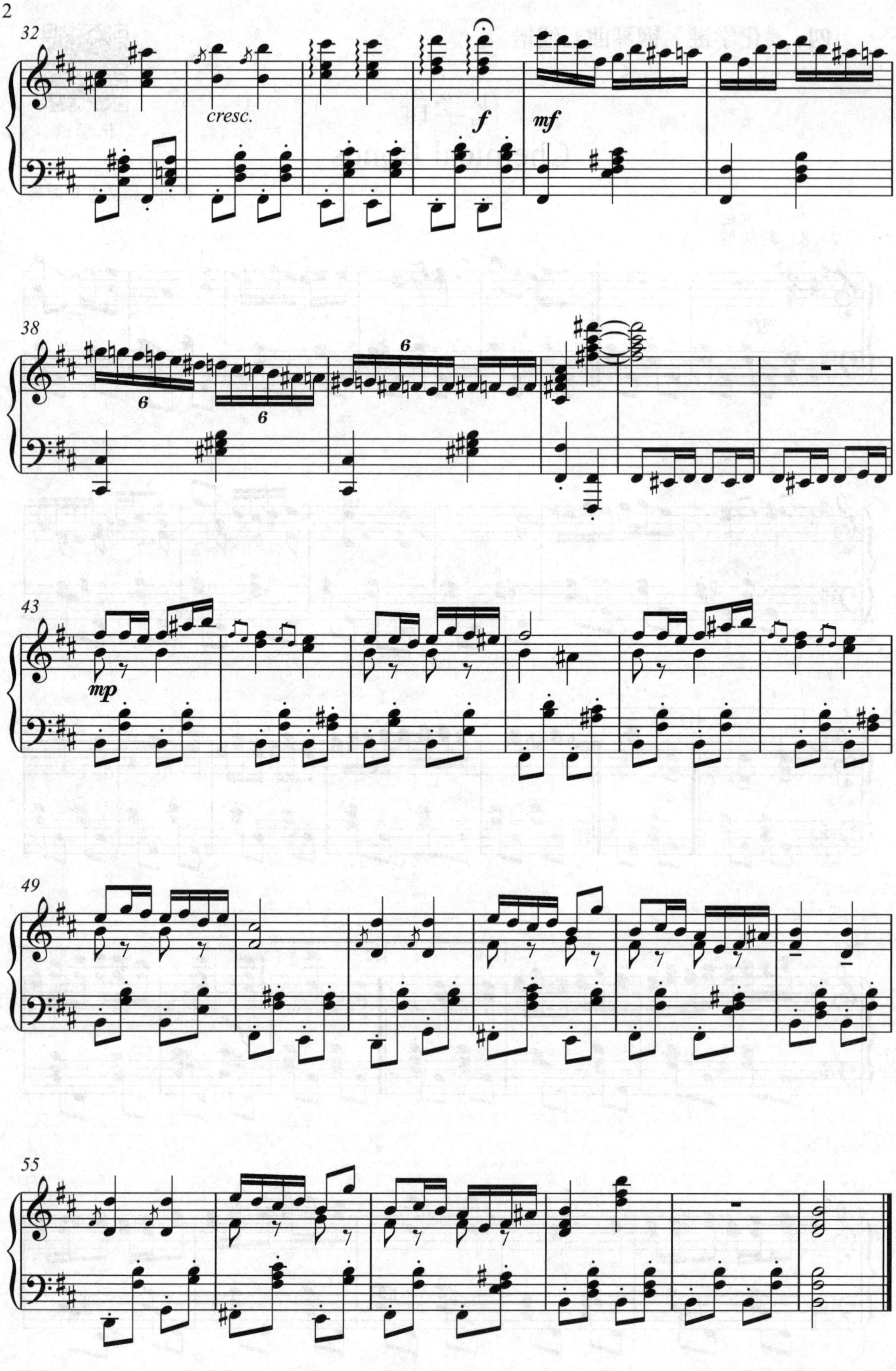
2
32
cresc.
f
mf
38
6
6
6
43
mp
49
55

五、《化学键》作品赏析

《化学键》旨在展现不同原子核与电子、电子与电子之间的神秘相互作用力，既有共价键中电子运动轨迹的重叠交织，又有离子键中正负电荷分离的强烈对比和相互吸引，还有金属键中深邃蔚蓝的电子海洋。全曲节奏欢快、跃动，主调采用 b 小调，犹如"深蓝色天鹅绒上镶嵌的银线"，既通过稳定和声表现化学键的结构稳定性，又以和声变化营造张力，隐喻化学键的反应活性。全曲整体使用了快速且富有节律的低音分解和声织体，以低音区分解和弦为核心来呈现和声。这种织体结构将音乐中不同声部和音层组织起来，赋予其空间感和流动性，表达了电子绕原子核在不同能级轨道的高速旋转运动。在低音分解和声织体中，中间层融合了旋律音，增强了音乐的流动性与表现力，既保留了低音声部和声支撑功能，又通过中音区的旋律化处理营造出纵向层次感和横向叙事性，将化学键理论娓娓道来。全曲采用四二拍的节拍，这是音乐中的"节奏骨架"之一，以简洁有力和律动明确而著称，赋予音乐强烈的脉冲感，以此表现电子能级跃迁。作品旋律多使用曲折环绕型织体，宛如电子的自旋和绕核运动。其间在和弦音上方或下方添加的辅助音，以及其他和弦外音，在保持和声框架的同时，赋予旋律流动性和情感张力，以表现由化学键键合形成的各种物质。

（一）前奏

第 1～2 小节是全曲的引子（见钢琴曲五线谱第 1 页第 1 行），由左手断奏与强化低音声部构建的快速节律和轻快氛围，表现出原子核与核外电子的闪亮登场。左手断奏通过左手手指快速触键与离键，使音符发音短促、清晰，以此增强音乐层次感和表现力，将听众从浩渺的宏观宇宙引入原子核和电子的微观世界，感知具有不同能量的电子在量子化的电子轨道舞台上所演绎的世纪之舞。其间加大的低音频率增强了音乐的庞大感和厚重感，强化了节奏动力，用以表现化学键理论演变的恢宏史诗。

（二）主题

第 3～15 小节为全曲的主题段（见钢琴曲五线谱第 1 页第 1～3 行），展现原子通过化学键来构建从矿物到生命的复杂体系。第 1～14 小节以单声部旋律为主，表现单原子独舞。在关键拍位加厚和声，叠加声部、丰富音色和增强和声密度使音乐更饱满、更有层次感，以表现不同能级的电子轨道。整个右手旋律围绕 #F 音这个轴心音展开，该音位于钢琴中音区的黄金频段，泛音丰富且易于突出。通过环绕上下邻音，反复强调轴心音，表现原子性质随核外电子数增减而变化。其快速节奏和快速装饰音，赋予作品主题轻快基调，展现量子舞台上轻快灵动的电子芭蕾。左手部分延续前奏并给予中声部和声、副旋律和低音支持，这种多层功能设计，不仅使其结构具有连续性，还通过中声部填充，在低音与旋律之间构建和声中间层，使和声立体化。此外，左手副旋律与右手主旋律形成叙事式对话，就像穿越回历史，聆听道尔顿、弗兰克兰、凯库勒、路易斯和鲍林等科学家讨论原子组合、化合力、化学价、电子共价键及杂化轨道理论。

第 6 小节开始进入主题段中的第二乐句，逐渐加强旋律的内声部支持。例如，第 7 小节在第 1 小节旋律的首尾音上叠加该小节主和声的和声内音 B，对首音 #F 形成和声支持，让尾音 B 形成八度加厚旋律。这种精细声部处理技术的核心功能在于动态调控音乐张力、色彩与结构演进，在不改变主旋律的前提下，悄然扭转和声色彩，隐喻从原子独舞转向多原子双舞、多舞的集体演绎。到第 11 小节，旋律逐渐加厚、加密，仿佛量子芭蕾舞团的电子数逐渐增多，宛如金属键中自由电子的海洋之舞。旋律上扬后回落，表现元素周期律中核外电子排布的周期性变化。在第 15 小节处，旋律整体上移，不仅调动了情绪，也起到承上启下的作用。

（三）对比

第 16～35 小节为全曲的第二乐段（见钢琴曲五线谱第 1 页第 3 行～第 2 页第 1 行），由两个对比乐段组成，以此打破听觉惯性，增强音乐的叙事张力和表现层次，描述化学键理论的不断演化。在第 16 小节至第 23 小节，加入了双音旋律，丰富并加强了上方高声部主旋律，就像形成共价键的电子伙伴依次牵手进入量子舞台。在调性上从偏暗的 b 小调转向明亮的平行 D 大调，在调性色彩上产生明暗对比，既是表现离子键中正负电荷分离的强烈对比和相互吸引，又是反映人类对化学键认识的逐渐加深。在旋律上，延续以 #F 为中心音的环绕式旋律进行，使得旋律既有承接又有对比，象征人类对化学键的认识既有继承又有创新。

第 25 小节之后，进入第二个对比乐段。整体旋律的音区继续提升，并加入链条式旋律，使旋律片段在不同音高上重复，形成阶梯式运动，就像不同原子核外周期性排布的电子，当逐渐填充满上一层轨道后又进入下一层电子轨道，塑造出层进式量子舞台形象。这种旋律发展手法的核心功能是增强音乐的驱动力，强化听觉记忆点。在旋律上，从双音转为更加厚重密集的纵向和声，展现金属键中自由电子的海洋之舞。

从第 32 小节至第 35 小节，旋律以级进方式向上推进，将气氛推向高潮，力度渐强至顶点。此时低音声部没有进行到主音上，但和声通过转位主和弦伪装回归。这种手法是对调性解决的战略性延迟，用以制造悬念感，表现对各种未知化学键的好奇与向往。

（四）连接

第 36 ～ 42 小节为作品的连接部分（见钢琴曲五线谱第 2 页第 1 ～ 2 行），为全曲结尾进行铺垫。在第 36 小节，旋律从之前的高点开始逐渐加速回落，就像原子之间形成化学键后达到稳态。在第 38 小节采用了半音下行方式，半音是音乐中的最小音程，这将音乐中的离散音程与电子的量子化不连续能级进行了映射，以此展现电子从高能级跃迁至低能级并释放能量的过程，让听众聆听大自然用量子密码谱写的乐章。在第 38 小节和第 39 小节采用了主调 b 小调的重属和弦，重属和弦是调性和声中一种强化属功能和声的高级技巧，通过构建"属和弦的属和弦"，短暂打破固有调性，进入属调领域，就像和声世界的"量子隧穿"。从第 41 小节开始，使用属音作装饰音，当作为调性张力核心的属音以装饰音（非和弦音）形态出现时，能通过微观音程运动增强旋律动力和冲击力，突破传统音阶束缚，赋予音乐明亮色彩，以表现人类在一次次反思中不断接近真理。属音装饰也是一种结构修辞手段，就像"逗号"（半终止）或"省略号"（延迟解决），调控音乐的呼吸感，表现对未知领域既期盼又紧张的心情。

（五）结尾

第 43 ～ 60 小节，为全曲主题乐段的再现（见钢琴曲五线谱第 2 页第 3 ～ 5 行）。第 43 小节开始再现主题旋律，并加入了双音与和弦式旋律进行加花变奏，回顾原子独舞，以及通过化学键牵线的双舞和集体舞。在第 57 小节和 58 小节，经终止四六和弦、属和弦到主和弦进行收拢。第 58 小节至第 60 小节为全曲尾声，其中和声在主和弦上持续着贯穿全曲的织体，最后在恢宏壮丽的柱式和弦中结束。

第四章

Flourishing
Waterscape

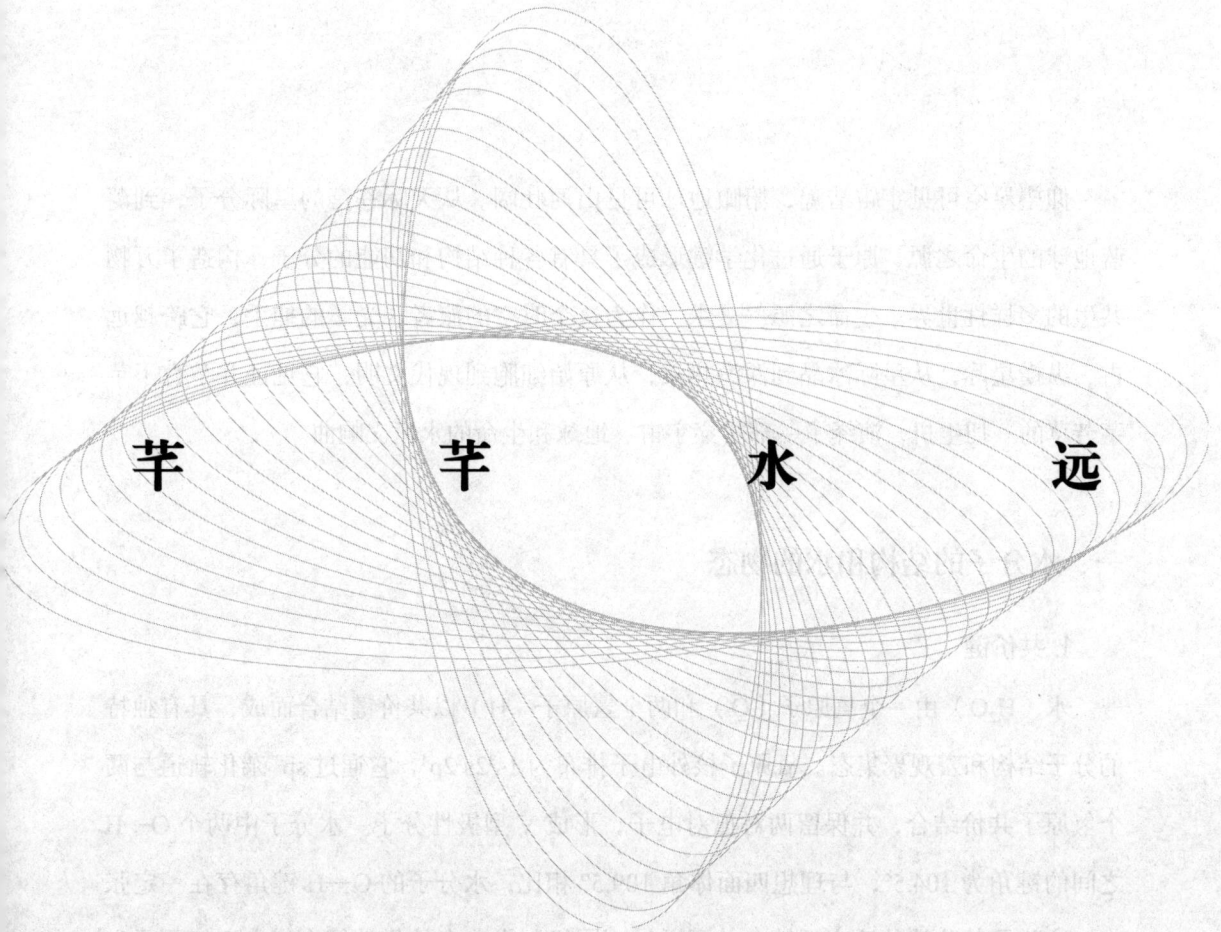

芊　芊　水　远

仰望星空可见宇宙浩瀚，俯瞰地球可见山河壮阔。从天际苍穹的星际分子，到蔚蓝地球的生命之源，原子通过化学键形成了具有各种结构和功能的分子，构造了万物共生的多样性世界。生命之源——水，作为这个时空的旅者、光子的捕手，它跨越远古、纵横星际，从星际冰晶到深海热泉，从原始细胞到现代文明，它见证并孕育了芊芊芳草的一切生机，演绎了一部贯穿宇宙、地球和生命的永恒交响曲。

一、水分子的结构和水的物态

1. 共价键

水（H_2O）由一个氧原子（O）和两个氢原子（H）以共价键结合而成，具有独特的分子结构和宏观聚集态。氧原子核外电子排布为 $1s^22s^22p^4$，它通过 sp^3 杂化轨道与两个氢原子共价结合，并保留两对孤对电子，形成 V 型极性分子。水分子中两个 O—H 之间的键角为 104.5°，与理想四面体角 109.5° 相比，水分子的 O—H 键角存在一定张力，这赋予其独特的反应活性，并可通过不同机制影响水的化学行为。由于氧原子和氢原子的电负性差异大，分别为 3.44 和 2.20，因此电子云在两个原子核之间分布不均匀，使得正负电荷中心分离，产生永久偶极矩（1.85D）。

2. 氢键

一个水分子最多可与 4 个相邻的水分子形成氢键（O—H⋯O），形成以该水分子为中心的正四面体结构。氢键的键能约为 23kJ/mol，只有共价键键能的二十分之一。常温下，水分子热运动的平均速度约为 590m/s，导致它们每秒经历约 10^{12} 次碰撞。这种高频碰撞运动不断破坏氢键的静电平衡，使氢键难以长期稳定存在，液态水中氢键平均仅稳定存在约 1 皮秒，但断裂后会立即重构，形成瞬态四面体簇（H_2O）$_n$。此外，根据玻尔兹曼分布，室温（298K）下水分子的动能（约为 2.5kJ/mol）与氢键键能相差不大，其热涨落也足以瞬时打破局部氢键。

3. 三相变化

水在自然界中存在固、液、气三相，并可通过温度与压力变化相互转化。从松散多孔的可燃冰到超离子导体"热冰"，这些结构为理解系外行星（如天王星）内部的冰幔和设计新型功能材料提供了天然参照。

（1）固态冰

在标准大气压（101.325kPa）下，当温度 ≤ 0℃（273.15K）时可得到固态冰。当水冻结成冰时，水分子间氢键作用使其排列更加有序，形成规则的六方晶格，从而占据了更多的空间，导致冰的体积比同质量的液态水更大，密度比液态水低9%。固态冰具有多种晶体结构，目前已确认 20 种晶型（包括稳定相和亚稳相），包括常压冰、高压冰、超高压与极端冰、特殊环境冰四大类，其多样性源于氢键网络在不同温度和压力条件下的重组，反映了氢键的极端可塑性。

第一，常压冰家族，又被称为低压冰，包括六方冰（ice I_h）和立方冰（ice I_c）。前者在自然界最常见，也是雪花的标准结构，由氢键形成六方晶格（键角 109.5°），密度为 0.92g/cm³（比水轻）。后者存在于 -80℃ 以下或星际空间，氢键呈立方对称，可通过气相沉积制备，当温度升高至 -60℃ 会转为 I_h。

第二，高压冰家族，需 GPa 级压力，包括冰 Ⅱ～冰 Ⅹ 等结构。其中，冰 Ⅱ 在 0.3GPa/-35℃ 条件下形成，氢键网络部分断裂，密度为 1.18g/cm³。冰 Ⅲ 在 0.3GPa/-23℃ 条件下为亚稳态，冰 Ⅸ 是其质子位置固定条件下的有序化变体。冰 Ⅴ 在 0.5GPa/-20℃ 条件下形成，其结构复杂，而冰 ⅩⅢ 为其质子有序相。冰 Ⅵ 在 1.1GPa/0℃ 条件下形成，含互穿氢键框架，而冰 ⅩⅤ 为低温有序相。冰 Ⅶ 在 2.1GPa/室温条件下形成，为对称氢键冰（O—H···O 呈直线排列）。冰 Ⅷ 在 2.1GPa/-100℃ 条件下形成，为冰 Ⅶ 的铁电有序相。铁电有序相指氢原子（质子）在晶格中呈现自发极化有序排列，且该极化方向可被外加电场翻转。冰 Ⅹ 存在于 60GPa 压力下，此时氢键对称化（质子位于 O—O 中点），表现为离子晶体特性。

第三，超高压与极端冰，包括五种结构，其中冰 ⅩⅥ、冰 ⅩⅦ 为多孔可燃冰，由笼形水合物框架去除气体分子后形成。超离子冰 XVIII 在 40GPa/2000K 条件下形成，氧原子具有固定晶格，质子可自由流动，其导电性类似金属。非晶冰为无定型结构，分为低密度、高密度和超高密度三种类型。

第四，特殊环境冰，指在特殊环境下存在的独特冰结构。其中，冰 XI 为六方冰（ice I_h）的铁电有序相，在自然界存在于外太阳系。冰 XIV 为冰 XII 的质子有序相，而冰 XIX 为冰 VI 族新型有序相，质子排列模式更复杂，与冰 XV 竞争存在。

（2）液态水

液态水是地球中已知唯一能同时满足生物需求、地质塑造与气候调节的液体，存在条件为常压下 $0℃ < T < 100℃$。由于氢键网络动态断裂与重组，液态水可产生短程有序的四面体簇，但整体处于长程无序状态。$4℃$时水的密度最大，因为此时氢键与分子热运动达到平衡。其高比热容 [4.18J/（g·K）] 使其吸收大量热量后仅小幅升温，因为能量优先用于打破氢键而非增加分子动能。其高表面张力（72.8mN/m，25℃）使表面水分子受内向氢键拉力，形成"弹性膜"，使水滴呈球形，产生明显毛细现象。其高介电常数（78.5，25℃）可削弱离子间静电相互作用，使其成为万能溶剂，并可溶解盐、糖等极性物质。液态水是化学和生物体系的通用反应介质，参与水解、光合作用等关键反应，维持体系酸碱平衡（$H_2O \rightleftharpoons H^+ + OH^-$），并影响蛋白质折叠、DNA 稳定性和各种细胞代谢活动。

此外，液体水还可以一些特殊形式存在。比如，极度纯净、缺乏凝结核时，液态水可形成低于 $0℃$ 仍不结冰的过冷水，但 $-38℃$ 以下必然结冰，这是其均质成核极限。其超临界态存在于 $> 374℃$（临界温度）且 $> 22.1MPa$（临界压力）的条件下，此时氢键几乎消失，超临界水兼具气体的扩散性与液体的溶解能力，可用于降解有毒废物。

（3）气态水（水蒸气）

在常压下，当温度 $\geq 100℃$（沸点）时，液态水会转变为气态。而在真空条件下，固态冰在室温下也可缓慢升华为水蒸气，如极地冰可直接气化。气态分子可自由运动，氢键几乎消失。虽然在高温低压下水主要以单分子 H_2O 的形式存在，但也可以二聚体 $[(H_2O)_2]$ 形式存在，还可形成微小团簇，如云中的液滴。

（4）第四相水

2003 年，美国生物工程学家杰拉尔德·波拉克（Gerald Pollack）团队在实验中首次明确记录了水在一种被称为 Nafion 的亲水聚合膜表面形成数百微米厚的"排斥区"（exclusion zone，EZ），这个区域可排除微粒和染料分子。2013 年，波拉克在著作《Cells，Gels and the Engines of Life》中正式提出了"第四相水"概念，认为它是一种介于液态与固态之间的新型有序水结构。在 2008 年至 2013 年之间，该团队利用拉曼光谱和红外光谱发现其氢键振动模式与普通水不同，证实 EZ 水具有长程有序性和电荷分离特性，第四相水带净负电荷（$H_3O_2^-$），而邻近普通水带正电荷（H_3O^+），这种电荷分离可产生约 100～200mV 的电压，类似生物细胞膜电位。研究还发现，第四相水在红外光（～3.1μm）照射下会扩张，而紫外光会使其收缩，这表明其结构可能依赖水分子与光子的相互作用。

对第四相水的形成有不同解释。液晶态模型认为，其可能是一种介于液态和固态之间的液晶态，水分子排列成了更规则的层状结构。波拉克则认为，第四相水可能是水合氢氧根离子（$H_3O_2^-$）形成了类似蜂窝状的六边形结构。量子相干理论认为，第四相可能涉及量子相干效应，使水分子在宏观尺度上协同运动。目前，第四相水是否存在，在主流科学界仍有较大争议。部分物理化学家认为，第四相可能是界面效应，如双电层的宏观表现，而非全新水相，而且其结构也未被 X 射线衍射或中子散射直接证实。如果第四相水被最终确认，那就可能改写人们对水的认知，影响未来科技发展。比如，利用排斥区效应可开发自清洁滤膜，这样无需外加能量即可分离污染物；基于其电荷分离特性，可利用湿度差进行发电等。

二、水与蔚蓝星球

地球被称为蔚蓝星球，其标志性蓝色外观主要源于水的存在，覆盖地表 71% 的海洋、大气中的水蒸气、冰盖与云层反射蓝光等，共同塑造了这一独特的蓝色光泽。水的存在并非偶然，而是宇宙演化、行星形成和地质活动共同作用的结果。

1. 海洋蓝

水分子可强烈吸收红光（波长为 620～750nm），而蓝光（450～495nm）则会被散射和反射。全球海洋平均深度为 3688 米，阳光穿透海水时，几乎只剩下蓝光被反射回来，因此人们观测到的海洋为蓝色。但是浮游生物会影响海洋颜色，如蓝藻富集时可吸收部分蓝绿光，使海水呈现深蓝色或靛青色；而热带浅海因珊瑚和沉积物的反射，可呈现绿松石色。

2. 天空蓝

瑞利散射（Rayleigh scattering）是形成蓝色天空的主要原因，当太阳光穿过大气层时，空气中的氧气和氮气对短波蓝光的散射比红光强约 9 倍。瑞利散射理论由英国物理学家瑞利（Lord Rayleigh）于 1871 年提出，并由此解释了天空为什么是蓝色，指出散射光强度与波长的四次方成反比，其发生条件是散射粒子尺寸需远远小于光的波长。瑞利于 1904 年因发现氩气而获得诺贝尔物理学奖，他是一个跨界天才，研究领域涵盖物理、化学、数学，在声学、光学和流体力学等研究方向都做出了重要贡献。除了瑞利散射，用于定义光学分辨率极限的瑞利判据、瑞利地震波等都以他命名。与瑞利散射相对应的是米氏散射（Mie scattering），当粒子尺寸接近或大于入射光波长（如云雾水滴）时，散射方式转变为米氏散射，这种散射与波长的关系较弱。米氏散射可以解释为什么云是白色：因为云中水滴尺寸大约为 10μm，远大于光波长，引发米氏散射后，所有波长光均被散射，混合后呈白色。

此外，卷云中的冰晶因能散射阳光，可增强天空蓝度。大气中的水蒸气因吸收红外光，可间接维持海洋蓝的可见性。在南极洲和格陵兰岛上的巨厚极地冰盖区域，冰盖表面反射 80% 以上阳光，将大量短波蓝光重新射向大气，增加了大气中可被瑞利散射的光子数量，从而强化天空的蓝色色调。不仅如此，极地低温还可抑制气溶胶（包括灰尘、污染物等悬浮颗粒）的形成，维持大气干燥洁净，减少米氏散射，使得瑞利散射更纯粹，形成南极特有的深邃蓝色天空。在南极的蓝冰区域，古老冰层受压排出气泡，当阳光穿透冰层时可发生瑞利散射，使冰本身呈现梦幻蓝色，与天空蓝色交相辉映。

3. 太空中的多彩星球

因冰盖 - 海洋 - 大气的黄金三元组合，地球成为唯一已知拥有动态蓝色调的行星。在广袤浩瀚的宇宙中，地球就像一颗蓝色宝石，行走于宇宙的漫漫长廊。地球独有的蓝色不仅是光学现象，更是水分子与阳光和大气共同谱写的生命协奏曲。对比其他天体，火星无液态水，大气稀薄，表现为米氏散射主导的粉灰色天空；土卫六因氮气与甲烷构成的雾霾，呈现橙黄色；天王星和海王星则因富含甲烷，吸收红光而呈现蓝绿色。基于地球生命与液态水、大气散射的深刻关联，蓝色光谱已成为天文学家搜寻宜居系外行星的重要线索，但并非唯一依据。需注意蓝色不等于绝对宜居，因为无氧行星也可能因甲烷雾霾呈现蓝色（如早期地球），还需结合红外波段的水蒸气信号等其他证据判断。

三、水的宇宙起源

水是地球生命的基础，也是宇宙中普遍存在的分子。根据天文观测和化学分析，地球上的部分水可能比太阳系本身更加古老，其源头可追溯至星际介质，即恒星之间弥漫的气体和尘埃云。

1. 星际介质中水的形成

星际介质中水的形成涉及气相反应、尘埃表面反应以及极端环境条件反应，其分布和丰度强烈依赖局部物理条件，如密度、温度和辐射场等，这些过程对理解行星系统和星际化学演化至关重要。

（1）气相反应

气相反应中，水主要通过羟基自由基（·OH）路径形成，该反应主要发生在低密度、高温（> 100K）区域，如光子主导区（photon-dominated regions，PDRs）或激波前沿，这些环境便于为化学反应提供能量。光子主导区是指星际介质中受到恒星或其他天体强紫外辐射影响的区域，紫外光子会电离、解离或激发气体和尘埃，并主导该区域的化学和物理过程。激波前沿是星际介质中由超音速运动（如超新星爆发、恒星风、双星吸积等过程）所产生的压力波，会导致该区域气体突然被压缩、加热和加速。

生成水的气相反应有两条途径，如式（4-1）和式（4-2）所示。在紫外辐射或宇宙射线激发下，可先生成羟基自由基，然后与氢气（H_2）反应生成 H_2O。这条途径需克服活化能垒，反应速率较慢。也可能先生成氧正离子，然后通过离子 - 分子反应以及电子转移，生成 H_2O。离子 - 分子反应没有传统意义上的过渡态能垒，而且随后的电子转移容易进行，仅需单次碰撞即可完成，无需高温条件。宇宙化学中的经典反应 $H_3^+ + CO \longrightarrow HCO^+ + H_2$ 在低温（10K）的星际云中仍能高效进行，反应速率可高达 $2 \times 10^{-9} cm^3/s$。

$$O + H_2 \longrightarrow OH + H$$

$$OH + H_2 \longrightarrow H_2O + H \text{（速率较慢）} \tag{4-1}$$

$$O^+ + H_2 \longrightarrow OH^+ + H \text{（离子 - 分子反应，速率较快）}$$

$$OH^+ + H_2 \longrightarrow H_2O^+ + H$$

$$H_2O^+ + e^- \longrightarrow H_2O \tag{4-2}$$

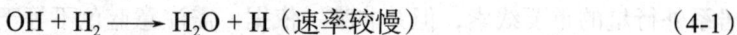

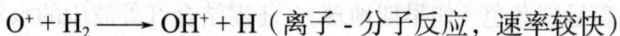

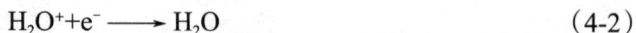

（2）尘埃表面反应

尘埃表面反应主要涉及原子吸附、扩散与反应、脱附三步，如式（4-3）和式（4-4）所示。首先，O 和 H 原子被冷尘埃表面（温度约为 10 ～ 20K）吸附，然后被吸附的 H 与 O 结合形成羟基自由基，并与 H 原子反应生成 H_2O。最后生成的水分子通过热脱附（如恒星加热）或非热脱附（如宇宙射线撞击）释放到气相。尘埃表面反应主要发生在低温、高密度分子云（如暗云）中，反应效率远高于气相反应。

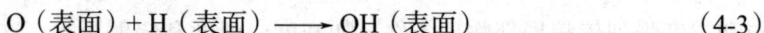

$$O \text{（表面）} + H \text{（表面）} \longrightarrow OH \text{（表面）} \tag{4-3}$$

$$OH \text{（表面）} + H \text{（表面）} \longrightarrow H_2O \text{（表面）} \tag{4-4}$$

（3）极端环境条件反应

在星际介质中还可能因为极端环境条件，而发生其他反应生成 H_2O。比如，超新星爆发或恒星风产生的激波可加热气体，促进气相反应生成 H_2O 或冰层释放水分子。宇宙射线中的高能离子撞击冰层，可引发局部化学反应生成水。冰层中的水分子也可被紫外光子击中，然后直接脱离尘埃表面。

水的星际起源假说现已被实验证实。科学家利用赫歇尔太空望远镜观测星际冰中 H_2O 的红外光谱，发现了水在 $3\mu m$ 和 $6\mu m$ 波段的特征伸缩振动；利用射电望远镜检测气相 H_2O 微波谱线，发现了水在 557GHz 的特征旋转跃迁。与彗星冰进行对比分析，发现其水的同位素比例（如 D/H）与星际冰相似，这支持了水的星际起源假说。

2. 太阳系中水的来源

当星际云坍塌形成太阳和行星系统时，星际介质中的水冰被保留下来。阿塔卡马大型毫米波 / 亚毫米波阵列（ALMA）❶ 观测到恒星 V883 Orionis 的星周盘中含有大量

❶ ALMA 是世界上最大的射电望远镜阵列，由欧洲、北美、东亚和智利等 22 个国家和地区合作建造和运行，位于智利北部阿塔卡马沙漠海拔 5000 米的查南托高原，这是地球上最干燥也最适合观测宇宙的地点之一。

水蒸气，其氘氢比（D/H）与太阳系彗星和地球海洋相似，证明水从星际介质直接继承而来。

地球等内太阳系行星最初形成时较为干燥，水主要靠后期小行星和彗星撞击输送。其中，碳质小行星可能是地球水的主要来源，其 D/H 与地球海水接近。它又被称为 C 型小行星，主要分布在小行星带外侧、靠近雪线的区域，具有丰富的含水矿物（如黏土、蛇纹石等）。雪线是太阳星云中的一个关键分界线，它是水（H_2O）从气态凝结成固态冰的临界距离。雪线以内温度较高，水以气态存在；雪线以外温度较低，水凝结成冰，成为固态天体（如彗星、冰卫星等）的主要成分。彗星富含水冰，大约占其质量的 50%。但其 D/H 通常高于地球水，例如，2004 年欧洲航天局发射的罗塞塔号彗星探测器（Rosetta mission）测得彗星上水冰的 D/H 约为地球水的 3 倍；哈雷彗星❶的 D/H 同样较高。这说明彗星不是地球水的主要来源，但可能贡献了一部分水。

同位素 D 丰度分析表明，地球上约一半的水可能直接来自星际空间，而非太阳系形成后合成。其余部分的地球水可能源自地球自身的脱气作用，太阳风与大气反应也可能产生少量水。当地球形成时，部分水可能已存在于地幔矿物中，并通过火山活动释放。比如，地幔岩石含有微量水，火山喷发也会释放水蒸气，但总量远小于外源输送的水量，所以地球自源可能只做了次要贡献。总之，星际冰提供了原始物质基础，其大部分水在太阳系形成过程中被重新分配。根据 D/H 匹配结果进行判断，碳质小行星为地球输送了大部分水，彗星的贡献较少，但可能影响大气和海洋的后期演化。

四、水文与地质

水文指自然界中水的各种变化和运动的现象，如水循环、地下水和地表水，而地质包括岩石、地质构造和地貌。地质结构是水文的骨架，决定水的储存与流动。水文是地质的雕刻师，通过侵蚀和沉积等改造地表形态。两者协同作用，共同塑造了地球的水资源分布、水质和生态系统，为人类提供生存资源。

---

❶ 以英国天文学家埃德蒙·哈雷（Edmond Halley）命名的哈雷彗星是太阳系中最著名的短周期彗星，也是人类历史上首个被确认具有周期回归特征的彗星，哈雷于 1705 年通过计算预测了它的回归，证实彗星是绕太阳运行的天体。

1. 地质决定水的分布

（1）岩石类型控制水的渗透与储存

地表以下的岩层可分为透水层和隔水层。透水层又被称为含水层，由砂岩、砾岩和裂隙发育的石灰岩等组成，具有较高的渗透性，能够储存大量地下水，如美国奥加拉拉含水层。隔水层又被称为不透水层，主要包括页岩、黏土等，它能阻隔水流，形成承压地下水。玄武岩是地球表面分布最广的基性火山岩，它是洋壳的主要组成岩石，也是月球、火星等类地行星的重要岩石类型。这种岩石质地致密，常具气孔或柱状节理，可依靠其多孔或裂隙来储水，如夏威夷群岛的淡水透镜体。

（2）地质构造影响水流路径

地质构造主要包括断层、裂隙和褶皱等，不同地质构造会显著影响水流路径。

断层分为导水断层和阻水断层。导水断层可成为地下水快速流动的通道，如喀斯特地区的暗河。阻水断层可阻断水流，形成地下水库，包括自流盆地型、断层上盘储水型、断层角砾岩封闭型，分别以中国鄂尔多斯盆地北部、东非大裂谷（埃塞俄比亚段）、中国云南昆明盆地为典型代表。阻水断层形成的地下水库广泛分布于构造活跃区（如裂谷、盆地边缘），其储水能力取决于断层带的封闭性和岩性组合。这类水库对干旱区水资源供给至关重要。

裂隙包括构造裂隙、风化裂隙、卸荷裂隙等，是岩石中广泛发育的破裂结构，对地下水的储存、运移和排放具有重要控制作用。裂隙具有非均质性，其发育带可形成局部富水区，而未发育区则水量较少。在致密岩石（如花岗岩、玄武岩、石灰岩）中，裂隙是主要储水空间，中国华北地区的基岩裂隙水是典型代表。裂隙具有很强的导水功能，可控制地下水流动方向，形成优势径流带，如喀斯特地区的裂隙管道流。裂隙之间相互连通可形成高密度裂隙网络，构成裂隙-孔隙双重介质，促进地表水下渗。

褶皱是地壳受挤压形成的波状弯曲构造，按照其形态特征，褶皱可分为向斜和背斜两大类，其形态受岩性、裂隙发育程度等因素影响。若向斜褶皱的核部为透水层（如砂岩），两翼为隔水层（如页岩），地下水会向轴部汇集，形成承压水。四川盆地是向斜褶皱的典型代表，它拥有侏罗系砂岩向斜含水层，并以此支撑农业灌溉。当向斜褶皱的一翼被切割时，地下水可在压力作用下自流涌出，如澳大利亚大自流盆地。背斜褶皱的核部可通过裂隙储水，因背斜顶部受张力作用，易产生张裂隙，如重庆中梁山背斜的裂隙水是当地重要水源。当核部为致密岩层（如花岗岩）时，背斜成为地下水分水岭，两侧水流呈反向流动。

（3）地貌决定地表水分布

地貌一般指地形、坡度和地表形态，是控制地表水分布的核心因素之一。它通过影响降水汇集、径流路径、渗透速率和蒸发条件，直接决定河流、湖泊、湿地等水体的空间格局。处于高海拔的山地降水充沛，易形成河流源头，如长江发源于中国青藏高原的唐古拉山脉，而亚马逊河发源于安第斯山脉。而陡坡可加速径流，减少下渗，使河流短急，促进峡谷发育，如雅鲁藏布大峡谷。地表水易于低洼的平原汇集，形成湖泊或沼泽，如长江中下游湖泊群，因地下水位浅，也易发育为沼泽、湿地，如西西伯利亚平原沼泽。盆地由于四周高、中部低，径流向中心汇集，加上蒸发强烈，水体盐度升高，最终形成盐湖或干盐湖，如青海湖、死海。喀斯特地貌为一种特殊地貌类型，地表水通过溶洞、漏斗快速转入地下，形成发达的地下河系统，如广西桂林峰林平原区具有丰富的地下河系统。

2. 水文重塑地质

水文既是地质变化的"雕刻刀"（侵蚀作用），又是"粘合剂"（沉积作用），贯穿岩石循环全过程。它通过物理、化学和生物作用，持续塑造地质构造、改变岩石性质及地貌，并参与地球表层物质循环。

（1）物理侵蚀和地貌重塑

地表水通过河流切割、波浪与潮汐冲击等物理作用侵蚀而塑造地貌，造成溶蚀、塌陷和地面沉降，形成峡谷（如长江三峡）、曲流河（如亚马逊河）等独特地貌，还可造成海岸侵蚀（如挪威峡湾）等。地表水在流动过程中携带并搬运泥沙，伴随矿物沉淀与胶结，通过沉积作用形成冲积平原，如华北平原。地下水所携带的矿物质（如石英、方解石等）可填充地质结构中的孔隙，从而增强岩石强度。冰川侵蚀是由冰川携带岩屑刮擦基岩所致，往往形成 U 型谷，如瑞士阿尔卑斯山谷。

（2）化学风化与岩石分解

化学风化包括溶解和水解两条途径。可溶岩（如石灰岩、石膏）可溶于水，见式（4-5），从而形成喀斯特地貌，如中国桂林的峰林地貌和墨西哥尤卡坦半岛的溶洞系统。花岗岩在湿热气候下经水解风化形成瓷土矿，见式（4-6），如江西景德镇。

$$CaCO_3+H_2O+CO_2 \longrightarrow Ca^{2+}+2HCO_3^- \tag{4-5}$$

$$2KAlSi_3O_8+2H_2O+CO_2 \longrightarrow Al_2Si_2O_5(OH)_4+4SiO_2+K_2CO_3 \tag{4-6}$$

（3）冻融作用与冻土地质

在北极、青藏高原、西伯利亚等冻土区，水文通过冻融循环和水分迁移极大地影响冻土的热力学稳定性、力学性质和地表形态。冻融循环包括冰劈作用、冻胀与融沉两个方面。当水渗入岩石或土壤裂隙并冻结时，其体积膨胀 9%，产生高达 210MPa 的压力，足以使岩石破裂，这种现象叫冰劈作用，如北极苔原带的"冻胀丘"就是由地下水冻结膨胀而形成。冻胀现象发生在冬季，水分向冻结锋面迁移，形成冰透镜体，导致地表隆起。融沉发生在夏季，冰透镜体融化使土体强度骤降，导致地面塌陷，如青藏铁路路基变形。如此反复冻融导致岩屑堆积，形成石海、石环等地貌。冻土变形还会引发土体滑移，如阿拉斯加冰缘滑塌。当地下水或地表水渗入冻土，可加速局部融化，形成塌陷湖塘、热融滑塌，典型例子是西伯利亚"地狱之门"巴塔盖卡坑，因冻土融化而持续扩大。

（4）生物 - 水文 - 地质协同作用

生物作用主要来自植物根系和微生物代谢。植物根系生长，可加速岩石裂隙扩展，如常见的榕树根劈裂城墙。微生物代谢与水文地质间存在强烈的相互作用，影响地球化学循环、碳氮平衡、污染物迁移和生态系统功能。

第一，微生物通过代谢活动影响矿物溶解与沉淀。喀斯特地区的硫氧化细菌通过代谢产生硫酸，可加速碳酸盐的溶解，释放出 Ca^{2+}、Mg^{2+} 和 HCO_3^-，影响地下水化学组成。而放线菌（如细黄链霉素菌）可通过电子转移，还原五价钒为容易沉淀的四价钒，从而可以修复钒污染的地下水。铁细菌则能氧化 Fe^{2+} 为 Fe^{3+}，参与铁矿床的形成。

第二，微生物碳循环与温室气体效应密切相关。水位变化可改变氧化还原条件，调控好氧 / 厌氧微生物的活性，比如湿地水位下降时，甲烷氧化菌活性增强，可将甲烷转变为甲醇、甲醛，最终生成 CO_2 和 H_2O。同时，微生物通过光合作用与呼吸作用影响水体 CO_2 分压，增加碳排放。

第三，微生物爆发可引发缺氧事件。2.52 亿年前二叠纪末大灭绝后，蓝藻、硫还原菌等微生物爆发，分解大量有机质并消耗氧气，导致水体缺氧，抑制其他生物固碳能力，显著改变海洋碳循环的速率和路径。微生物呼吸释放 CO_2，会降低海水 pH，影响碳酸盐系统平衡。

第四，微生物影响污染物转化和迁移。在喀斯特地区，微生物（如硫还原菌）参与 Fe-Mn-S 循环，影响重金属的迁移形态，导致沉积物二次污染。湿地中，部分微生物（如革兰氏阴性菌）通过碳代谢活动分解有机碳，影响水体污染物的形态和空间分布。

3. 深海热泉

深海热泉又被称为海底热液，它是海底地壳裂缝中喷出的热液流体，其温度可高达 400℃ 并富含矿物质。它形成于板块边界或热点区域，不仅是地球内部能量与物质交换的重要通道，还孕育了独特的生态系统，对研究生命起源、矿产资源形成及地球化学循环具有重要意义。

深海热泉的形成涉及海水下渗、加热与化学反应和热液喷发等关键过程。首先，冰冷的海水通过洋壳裂隙渗透至海底以下数公里；然后，海水被岩浆房或热岩石加热至 350～400℃，但因高压仍保持液态，高温流体可与玄武岩反应，溶解铁、铜、锌等金属和硫化物，形成酸性还原性热液；最后，热液因密度降低而上升，从烟囱状喷口喷出，与冷海水混合后矿物快速沉淀。

深海热泉构成了一个独特的生态系统，其周围形成了自养生物群落，其中耐高温微生物可在 121℃ 下存活。这些微生物不依赖阳光，而是通过氧化硫化氢或甲烷获取能量。比如，硫氧化细菌和甲烷古菌，利用化学合成固定 CO_2，并提供能量用以合成其他有机物，见式（4-7）。深海热泉的高温、还原性环境与早期地球类似，为生命的"热泉起源说"提供了依据，也为外太空生命探索提供了线索，木卫二和土卫二的冰下海洋可能存在类似热泉系统。此外，热液喷口沉淀形成了多金属硫化物矿床（含铜、锌、金等），是未来深海采矿的目标。

$$H_2S+O_2 \longrightarrow SO_4^{2-} + 能量 \tag{4-7}$$

五、水与生命活动

水是生命之源，孕育了地球万千生灵。它不仅是生化反应的溶剂，还直接参与代谢、能量转化、物质合成与分解等过程。

1. 光合作用与水

水是光合作用的核心反应物之一，直接参与光反应阶段水的光解（水的氧化），并为暗反应提供还原力（H^+ 和电子）。水的光解反应见式（4-8），发生在位于叶绿体类囊体膜的光合系统 Ⅱ（PS Ⅱ）上。该过程利用光能驱动水分子分解，释放氧气并产生能量载体 ATP 和 NADPH。

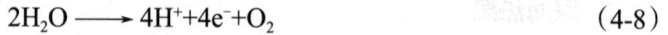

$$2H_2O \longrightarrow 4H^+ + 4e^- + O_2 \qquad (4-8)$$

（1）光吸收和光激发

光系统 Ⅱ（PS Ⅱ）包含两个捕光复合物和一个光反应中心。光系统 Ⅱ 捕光复合物 Ⅱ（light-harvesting complex Ⅱ，LHC Ⅱ）主要分布在类囊体膜的基粒区域，与 PS Ⅱ 核心复合体（D1/D2 蛋白）、细胞色素 b_6f 复合体等组成光合作用超级复合体，而且可在 PS Ⅱ 和 PS Ⅰ 之间动态迁移，以平衡两个光系统的能量分配。当 PS Ⅱ 过度激发时，部分 LHC Ⅱ 转移至 PS Ⅰ。LHC Ⅱ 以三聚体形式存在，具有较高的光能捕获效率。其由三个高度同源的基因 LHCb1、LHCb2 和 LHCb3 编码产物组成均质或异质三聚体，每个亚基结合约 12 ～ 14 个叶绿素分子（Chl a 和 Chl b）和 2 ～ 4 个类胡萝卜素（如叶黄素和 β- 胡萝卜素）。LHC Ⅱ 的主要功能是吸收并传递光能，其中 Chl a 和 Chl b 的吸收波长分别约为 680nm 和 650nm。它通过共振能量传递（Förster 机制）将激发能传递给 PS Ⅱ 反应中心的叶绿素 a（P680），使其电子跃迁至高能级，随后电子转移给原初电子受体脱镁叶绿素（pheophytin），而 P680 失去电子转变为 P680⁺ 这一强氧化剂，具有强电子接收能力。

（2）水光解产生氧气和质子梯度（科克循环）

PS Ⅱ 的锰簇（Mn_4CaO_5 簇）是光合作用中水光解反应的核心催化中心，包括 4 个锰离子、1 个钙离子和 5 个氧桥，呈立方体状结构。它通过 5 个中间态（$S_0 \rightarrow S_4$）逐步裂解水分子，其间锰离子在 +2 到 +4 价之间循环变化，水分子中的 O 原子失去电子转变为 0 价单质 O_2 分子，电子转移给 P680⁺。每完成一次循环（科克循环）释放 1 个 O_2 分子，吸收 4 个光子能量，总反应见式（4-8）。

在 S_0 初始态，Mn 处于低氧化态，等待第 1 个光子激发，4 个 Mn 分别为 Mn^{3+}、Mn^{3+}、Mn^{4+} 和 Mn^{4+}。2 个水分子（H_2O）结合到 Mn_4CaO_5 簇的活性位点，其中 1 个与 Mn^{3+} 结合，另 1 个与 Ca^{2+} 结合。

在 S_1 态发生第 1 次氧化反应。吸收第 1 个光子后，P680⁺ 通过酪氨酸（Tyr161）从锰簇夺取 1 个电子，1 个 Mn^{3+} 被氧化为 Mn^{4+}，1 个 H^+ 从结合的水分子中解离，进入类囊体腔，留下 1 个 OH^-。

在 S_2 态发生第 2 次氧化反应。吸收第 2 个光子后，$P680^+$ 再从锰簇夺取 1 个电子，使第 2 个 Mn^{3+} 被氧化为 Mn^{4+}，此时锰离子已全部为 +4 价。锰簇释放第 2 个质子到类囊体腔中，留下第 2 个 OH^-。

在 S_3 态形成 O—O 过氧键前体。吸收第 3 个光子后，$P680^+$ 从锰簇夺取第 3 个电子，使其氧化态进一步升高。其中 1 个 OH^- 丢失电子并释放第 3 个质子（H^+）到类囊体腔，形成高活性负氧自由基（$O\bullet$），两个氧原子（O）开始靠近，形成过氧键 O—O 前体。

在 S_4 态，吸收第 4 个光子，$P680^+$ 再从锰簇夺取第 4 个电子，使其氧化态进一步升高。第 2 个 OH^- 也丢失电子并释放第 4 个质子（H^+）到类囊体腔，形成高活性负氧自由基（$O\bullet$）。锰簇从两个高活性负氧自由基（$O\bullet$）夺取电子，两个 Mn^{4+} 被还原为 Mn^{3+}，并形成两个氧自由基，两个氧自由基结合生成 O_2，氧气分子从锰簇解离，扩散到大气中。每一次循环总计释放 4 个质子（H^+），为后续生成 ATP 提供能量。同时，锰簇被还原，Mn_4CaO_5 簇从 S_4 态回到 S_0 态，准备下一轮循环。

借助这一精巧的锰簇催化机制，生命体将太阳能转化为化学能，使水裂解，释放出氧气、质子和电子。光合作用是地球大气中氧的主要生物来源（占 99%），也为卡尔文循环提供 NADPH 和 ATP。其释放的 $4H^+$ 积累于类囊体腔，形成质子梯度，驱动 ATP 合成酶生成 ATP。而 $P680^+$ 从锰簇夺取的 4 个电子经原初电子受体脱镁叶绿素→质体醌（PQ_A/PQ_B）→细胞色素 b_6f → PS Ⅰ 传递，最终用于还原 $NADP^+$。

（3）光系统 Ⅰ 与水

光系统 Ⅰ 不直接裂解水分子，但是依赖 PS Ⅱ 水光解提供的电子来进行线性电子传递，并利用 PS Ⅱ 产生的质子（H^+）来建立类囊体腔的质子梯度，以此驱动 ATP 合成。PS Ⅰ 嵌入叶绿体的类囊体膜，位于非堆叠区，与 PS Ⅱ 空间分离。PS Ⅰ 可独立驱动循环电子传递，在光合作用中仅生成 ATP 而不产生 NADPH 和 O_2，用于调节 ATP/NADPH 比例。其反应中心色素为特殊叶绿素 a 分子对（P700，吸收 700nm 红光），捕光复合物（LHC Ⅰ）结合叶绿素 a/b 和类胡萝卜素，扩展了光捕获范围。P700 吸收光子后，激发电子跃迁至高能级（$P700^+$），传递至初级电子受体 A_0（叶绿素 a），电子传递链为 $P700^+$ → 叶绿素 a（A_0）→ 叶醌（A_1）→ Fe-S 簇（Fx → FA/FB）→ 铁氧还蛋白（Fd）→ 细胞色素 b_6f 复合体 → 质体醌（PQ）→ 细胞色素 b_6f → 质体蓝素

（PC）→ P700$^+$，不涉及 PS Ⅱ 和 NADP$^+$。当 NADPH 需求低时可触发循环电子传递，比如当 CO_2 不足、暗反应酶活性受限时，卡尔文循环减速，电子无法通过 NADPH 生成被消耗。而 C4 植物维管束鞘细胞、景天酸代谢（CAM）植物因夜间需额外 ATP，因此依赖循环电子转移提高 ATP 产量。此外，循环电子传递也适用于在强光下分散过剩电子，减少活性氧（ROS）产生。

线性电子传递是光合作用光反应中从水到 NADP$^+$ 的完整电子传递链，驱动 O_2 释放、ATP 和 NADPH 合成，为暗反应（卡尔文循环）提供能量和还原力。它由 PS Ⅱ 提供电子（通过水光解），沿 Z 字型路径传递，最终经 PS Ⅰ 将电子传递给 NADP$^+$，并生成 NADPH：光系统Ⅱ（PS Ⅱ）→ 质体醌（PQ）→ 细胞色素 b$_6$f 复合体 → 质体蓝素（PC）→ 光系统Ⅰ（PSI）→ 铁氧还蛋白（Fd）→ 铁氧还蛋白 -NADP$^+$ 还原酶（FNR）→ NADPH。

（4）水与暗反应

20 世纪 50 年代，美国生物化学家卡尔文（Melvin Ellis Calvin）通过 ^{14}C 同位素标记技术，发现了卡尔文循环（Calvin cycle），并因此于 1961 年获得了诺贝尔化学奖。卡尔文循环发生在光合作用的暗反应阶段，它利用光反应产生的 ATP 和 NADPH 将 CO_2 转化为糖类。它分为 3 个主要阶段，共涉及 13 步酶促反应。虽然暗反应不直接参与水的分解，但是水的分解产物 ATP 和 NADPH 为暗反应提供能量，每固定一个 CO_2 分子需消耗 3 个 ATP 和 2 个 NADPH。水光解释放的氧气会抑制核酮糖 -1,5- 双磷酸羧化酶加氧酶（Rubisco）活性，间接影响暗反应速率。此外，暗反应在液态水介质中进行，所有酶需水环境维持活性构象。并且一些步骤中，水分子还直接参与化学反应。例如，Rubisco 催化 CO_2 与核酮糖 -1,5- 双磷酸（RuBP）结合后，立即水解产生 2 分子 3- 磷酸甘油酸（3-PGA）。不仅如此，叶片水分还直接控制气孔开度，从而调控底物（CO_2）供应。由此可知暗反应生成的每一个糖分子，都刻录着水分子传递的太阳密码。

2. 细胞有氧呼吸与水

水是能量代谢的核心介质，它不仅参与光合作用产氧和固氮，而且还通过有氧呼吸参与能量释放，在电子传递链中，O_2 作为最终电子受体生成水，见式（4-9）。水在细胞有氧呼吸中扮演着反应物、产物和介质三重关键角色，贯穿有氧呼吸的全过程。

而在无氧呼吸中，虽无净水生成，但水作为溶剂参与生化反应。

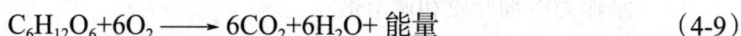

$$C_6H_{12}O_6+6O_2 \longrightarrow 6CO_2+6H_2O+ 能量 \qquad (4\text{-}9)$$

（1）水作为反应物

发生在线粒体基质中的丙酮酸脱羧过程中，水分子参与中间产物的水解，见式（4-10）。该反应虽然总体没有水的消耗或产生，但是水分子会直接攻击中间产物乙酰二氢硫辛酰胺的硫酯键（—CO—S—），使其水解生成乙酰辅酶 A。在三羧酸循环中，水分子参与了步骤 1、步骤 2 和步骤 7，分别见式（4-11）～（4-13）。在步骤 1，乙酰辅酶 A 与草酰乙酸缩合生成柠檬酸的过程中，水分子参与水解中间产物柠檬酰辅酶 A，生成柠檬酸和辅酶 A。这与步骤 5 完全不同，其中琥珀酰辅酶 A 转化为琥珀酸的反应无需水分子参与，而是通过底物水平磷酸化直接生成 GTP 或 ATP。硫酯键（—CO—S—CoA）首先被无机磷酸根亲核进攻，生成中间体琥珀酰磷酸，然后琥珀酰磷酸的磷酸基团转移至 GDP（哺乳动物）或 ADP（植物、细菌），分别生成 GTP 或 ATP。在步骤 2，柠檬酸在乌头酸酶作用下，脱去 1 分子水，生成中间体顺乌头酸，然后顺乌头酸立即与 1 分子水结合，生成异柠檬酸。这是三羧酸循环中唯一的异构化反应，乌头酸酶的 [4Fe-4S] 簇结合柠檬酸的羧基，催化反应进行。在步骤 7，水分子通过延胡索酸酶催化加成，生成苹果酸。

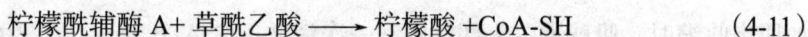

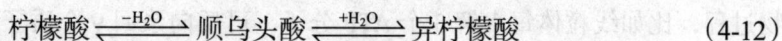

$$丙酮酸 +CoA+NAD^+ \longrightarrow 乙酰 CoA+CO_2+NADH \qquad (4\text{-}10)$$

$$柠檬酰辅酶 A+ 草酰乙酸 \longrightarrow 柠檬酸 +CoA\text{-}SH \qquad (4\text{-}11)$$

$$柠檬酸 \underset{-H_2O}{\rightleftharpoons} 顺乌头酸 \underset{+H_2O}{\rightleftharpoons} 异柠檬酸 \qquad (4\text{-}12)$$

$$延胡索酸 +H_2O \longrightarrow 苹果酸 \qquad (4\text{-}13)$$

（2）水作为终产物

在线粒体内膜上的电子传递链中，O_2 作为最终电子受体，与 H^+ 结合生成水，见式（4-14）。每消耗 1 个 O_2 分子可产生 2 个水分子，这一过程可彻底清除电子传递链中的电子，防止活性氧（ROS）积累。在 ATP 水解的逆反应（氧化磷酸化）中，通过脱水形成 ATP，见式（4-15）。

$$O_2+4H^++4e^- \longrightarrow 2H_2O \qquad (4\text{-}14)$$

$$ADP+Pi \longrightarrow ATP+H_2O \qquad\qquad (4-15)$$

（3）水作为溶剂介质和调节剂

水分子可与质子结合形成水合氢离子，因此可作为质子传递介质。例如，线粒体内膜上的水通道蛋白协助质子（H^+）跨膜运输，以此维持质子梯度来驱动 ATP 合成。水的高介电常数为细胞代谢物提供了独特的溶解环境，使亲水性物质（如 NAD^+、CoA 等）溶解，保障酶促反应进行。此外，水的高比热容特点也为细胞提供了温度缓冲，可稳定线粒体局部温度，避免呼吸链相关酶因过热而失活。

3. 水解与合成反应

水分子是生物化学过程的关键介质，它既可参与物质的分解反应，又能作为产物参与物质合成。

（1）水解反应

水分子中的氧原子含有未成键的孤对电子，因此具有亲核性，可以进攻一些化学键，如磷酸酯键、肽键、糖苷键和酯键等，使其断裂，将大分子分解为更小的分子。这些小分子能发挥不同的生物功能，满足生物体系的不同需求。

磷酸酯键（$—C—O—PO_3^{2-}$）是生物分子中磷原子通过酯键与羟基结合形成的化学键。ATP 通过磷酸酯键水解生成 ADP 和磷酸根，提供能量给细胞使用。每个 ATP 分子水解在生理条件下可释放约 50kJ/mol 能量，既能驱动大多数生化反应，又不会因能量过高而引发副反应。水解反应的半衰期为 1 ～ 10 分钟，可确保能量快速响应，比如肌肉收缩时，肌球蛋白头部每摆动一次消耗 1 个 ATP 分子。ATP 水解还偶联其他生物过程，比如线粒体每水解 3 个 ATP 分子，可反向泵回 9 个质子（H^+），从而维持膜电位。而 ATP/ADP 比值直接影响磷酸果糖激酶等限速酶的活性，当 ATP/ADP > 10，糖酵解速率下降 80%。此外，胞外 ATP 可作为信号分子，达到一定浓度时可激活免疫反应。它也可作为分子伴侣，如热激蛋白 Hsp70 通过 ATP 循环控制底物蛋白的折叠与释放，每秒消耗 1200 个 ATP 分子。不仅如此，ATP 还是一种神经递质，嘌呤能神经元突触通过释放 ATP，激活 P2X 受体，传递速度比谷氨酸快 3 倍。

肽键（$—CO—NH—$）是连接氨基酸的酰胺键。蛋白质通过肽键水解生成氨基酸或肽段，在营养吸收与利用、细胞代谢调控、能量供应、发育与组织重塑和免疫防御中发挥着重要作用。食物中的蛋白质在胃和小肠中被胃酸、胰蛋白酶等消化酶逐步水解为氨基酸，才能被人体吸收利用。而水解产生的氨基酸可用于合成新蛋白质或转化为其他分子，如葡萄糖、脂肪等。通过泛素 - 蛋白酶体系统，蛋白质水解可清除错误折叠或损伤的蛋白质，防止毒性聚集（如阿尔茨海默病中 β- 淀粉样蛋白沉积）。某些特定蛋白质水解，还可释放活性片段（如胰岛素原水解为胰岛素），参与信号转导，激活或抑制代谢途径。蛋白质水解还能在饥饿状态下提供能量，当糖类不足时，水解产生的氨基酸通过糖异生转化为葡萄糖，对依赖葡萄糖供能的器官（如大脑）具有重要意义。部分氨基酸（如谷氨酸和天冬氨酸等）可直接进入三羧酸循环（TCA）。在胚胎发育和组织重塑方面，母体蛋白质水解生成的氨基酸经胎盘转运至胎儿血液循环，用于胎儿组织构建。创伤后，受损部位的蛋白质被水解，释放的氨基酸参与组织修复，如伤口愈合过程中的胶原蛋白再生。蛋白质水解在免疫防御中同样发挥重要作用。病原体蛋白质被免疫细胞水解为肽段后，与主要组织相容性复合体（MHC）分子结合并呈递给 T 细胞，从而触发特异性免疫应答。某些蛋白质水解产物具有抗菌活性，如乳铁蛋白水解可释放抗菌肽。

糖苷键（—C—O—C′—、—C—N—C′—、—C—S—C′—、—C—C—C′—）是连接糖异头碳（半缩醛羟基所在碳）与另一糖或非糖物质的碳之间的化学键，包括 O- 糖苷键、N- 糖苷键、S- 糖苷键和 C- 糖苷键。糖苷键水解是生物体内糖类代谢的核心反应之一，在能量转换和信息传递中发挥重要作用，其水解效率可达 $10^3 \sim 10^6$ 个每秒。糖苷键水解参与许多生化过程，为细胞提供具有不同功能的物质。例如，淀粉 / 糖原通过水解生成葡萄糖，而糖原磷酸化酶切断 α-1,4 键释放葡萄糖 -1- 磷酸（G-1-P），为细胞呼吸提供底物。细胞表面糖蛋白的糖链水解与细胞识别与信号传导密切相关，它调控细胞黏附、免疫识别等过程。膳食纤维消化也与糖苷键的水解相关，肠道微生物分泌 β- 糖苷酶分解纤维素的 β-1,4 键，产生短链脂肪酸，提供人体日需能量的 10%，并维持肠道健康。糖苷键水解是糖蛋白质量控制的一种重要途径，通过这种方式可去除错误折叠糖蛋白的糖链，维持蛋白质稳态。不仅如此，糖苷键水解还是植物防御的一种重要方式，其 β- 葡萄糖苷酶可通过水解 β- 糖苷键释放防御性化合物，如苦杏仁苷水解产生氰化氢抗虫。

酯键（—CO—O—）是连接羧酸和醇的化学键，其水解反应在酯酶或酸碱催化下进行，在生物体内具有广泛的生理功能，包括能量代谢与储存、信号转导与调控、膜结构与动态平衡、解毒与异生物质代谢等。机体主要通过脂肪动员来供能，甘油三酯（脂肪）水解释放游离脂肪酸进入 β- 氧化途径，最终生成 ATP。脂肪动员在饥饿时提供能量，1g脂肪大约可提供约9kcal能量。许多代谢中间体（如乙酰胆碱、乙酰化蛋白质等）通过酯键水解激活，参与信号转导。如维生素A酯通过酯键水解，转变为活性视黄醇，在视觉循环、免疫调控、细胞分化等生理过程中发挥核心作用。在胆碱酯酶作用下，乙酰胆碱水解为胆碱和乙酸，通过终止神经冲动防止肌肉持续收缩。有机磷农药因抑制该酶而出现痉挛等中毒现象。磷脂酶A_2水解磷脂释放花生四烯酸，直接参与炎症启动、放大和消退等过程。肝脏通过酯键水解来分解有毒的脂溶性毒素，其羧酸酯酶水解药物酯键，如将阿司匹林水解为水杨酸。此外，酯键水解在植物防御中也起着重要作用，如茶树精油中的酯类抗虫成分，利用酯酶水解昆虫外骨骼蜡质。水果成熟时，酯酶水解酯类释放挥发性芳香物质（如香蕉释放乙酸异戊酯），对蚜虫、螨类有驱避作用。

（2）合成反应

脱水缩合是生物大分子合成的主要形式，均以水为副产物。氨基酸经脱水缩合形成肽链，进而构成蛋白质，核苷酸或单糖通过脱水缩合相互连接形成核酸或多糖。

① 蛋白质合成

羧基（—COOH）与氨基（—NH$_2$）经脱水缩合形成肽键，这是一种共价键，具有部分双键特性（C—N键长1.32Å，较常规单键短），其键能约为-10kJ/mol。虽然该反应为放能反应，但需活化能来启动反应。蛋白质的合成途径包括核糖体依赖的翻译合成、非核糖体多肽合成酶途径和人工合成三种途径。核糖体依赖的蛋白质翻译合成包括以下步骤：第一步活化，氨基酸与转运RNA（tRNA）结合生成氨酰tRNA。第二步进位，氨酰tRNA进入核糖体A位。第三步转肽，肽酰转移酶催化P位肽链的羧基与A位氨基酸的氨基缩合，生成肽键。第四步移位，核糖体沿mRNA移动，释放出空载tRNA，进入下一个氨基酸。如此周而反复，肽链不断延伸。非核糖体肽合成途径一般通过巨型多酶复合体直接组装肽键，常见于次级代谢产物（如青霉素、环孢菌素等）的合成，该过程依赖ATP或硫酯键水解提供能量。

人工合成技术已实现从简单抗菌肽到复杂蛋白质的定制化生产，包括液相合成法和固相合成法两大类。液相合成法采用逐步延伸策略，从N端到C端或反向逐步进行氨基酸偶联，通过羧基和氨基发生脱水缩合而形成肽键。也可以采用片段缩合法，先合成短肽片段，再通过缩合反应连接。1965年，中国科学家成功合成了结晶牛胰岛素，验证了多肽合成的可行性。固相合成法由美国生物化学家罗伯特·布鲁斯·梅里菲尔德（Robert Bruce Merrifield）在 1963 年首次提出，他于 1965 年发明了第一台多肽合成仪，实现了合成过程自动化，因其革命性贡献他获得了 1984 年诺贝尔化学奖。固相合成法的基本原理是将第一个氨基酸固定在不溶性树脂（如聚苯乙烯）上，使后续氨基酸依次偶联形成肽键，并使肽链不断延长，最后通过洗涤除去未反应试剂。固相合成法简化了传统溶液合成的纯化步骤，实现了高效、可控的肽链组装。1969 年，梅里菲尔德利用固相合成技术首次成功合成了含 124 个氨基酸的核糖核酸酶片段，验证了方法的可行性，证明固相合成法可合成复杂蛋白质。

②核酸（DNA/RNA）合成

核酸合成主要包括化学合成和酶促合成两大类。固相化学合成法是主流技术，其采用可控孔度玻璃珠（CPG）或聚苯乙烯树脂作为固相载体，基于亚磷酰胺法（磷酸三酯中间体），逐步添加每个碱基。酶促合成法包括逆转录聚合酶链反应（RT-PCR）、体外转录（IVT）和滚环扩增三种主要技术。其中，RT-PCR 以 RNA 为模板，利用逆转录酶（如 M-MLV）和 DNA 聚合酶，已成功应用于 cDNA 合成。体外转录法以双链 DNA（含 T7 启动子）为模板，利用 T7 RNA 聚合酶，已用于合成 mRNA 疫苗，如 COVID-19 疫苗。滚环扩增技术以环状 DNA 为模板，采用 Phi29 DNA 聚合酶，适合用于制备超长串联重复序列。

聚合酶链式反应（PCR）在核酸合成中具有革命性贡献，它可实现在体外快速扩增特定 DNA 片段，使微量 DNA 能够在几小时内扩增至数百万倍，彻底改变了分子生物学研究，广泛应用于医学诊断、法医学、遗传病筛查和古生物学等领域。1983 年，美国生物化学家卡里·穆利斯首次提出聚合酶链式反应技术，并获得了 1993 年诺贝尔化学奖。这种技术以含目标序列的双链 DNA 为模板，在高温（94 ～ 98℃）下使 DNA 双链解离，以一对特异性寡核苷酸（18 ～ 25nt）为引物，降温（50 ～ 65℃）使引物结合模板，并采用耐热 DNA 聚合酶（如 Taq 聚合酶）在中温（72℃）下合成新链。通过变性、退火和延伸的循环进行，最后在 72℃补平末端，完成整个反应。PCR 技术通过热循环与酶促合成的巧妙结合，实现了 DNA 的指数级扩增，具有高灵敏度、高通用性和快速高效等特点。

水分子以其简单的三原子结构，跨越量子尺度到宇宙星辰，架起非生命与生命世界的桥梁。其独特的物理化学性质不仅塑造了大千世界的自然景观，更构筑了碳基生命不可替代的强大基石。

六、《芊芊水远》钢琴曲五线谱

芊芊水远

芊芊水远
Flourishing Waterscape

作曲：熊岳涛 钟鸿英

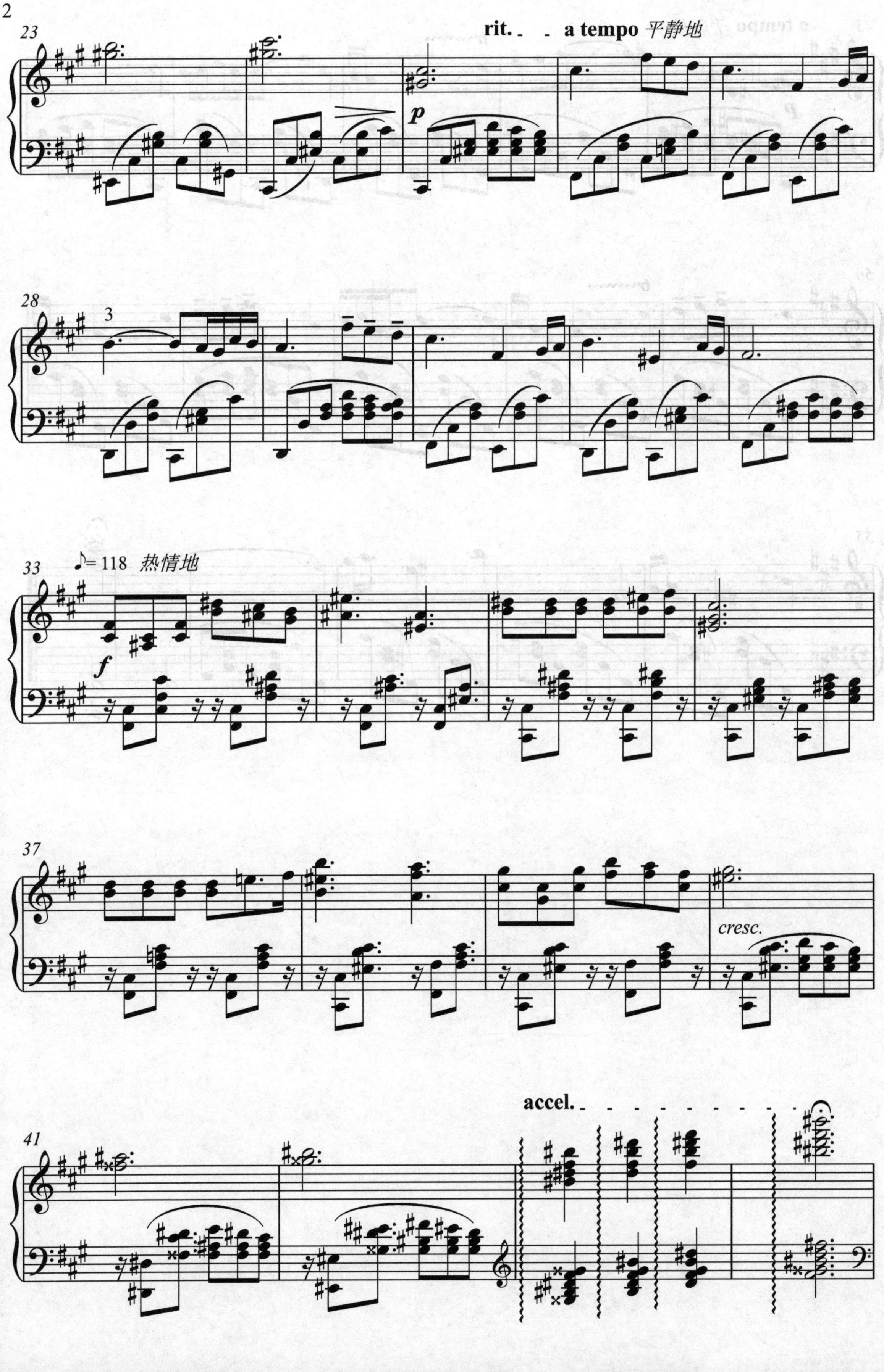
2
23
rit. - - a tempo 平静地
p
28
3
33
♪= 118 热情地
f
37
cresc.
41
accel.

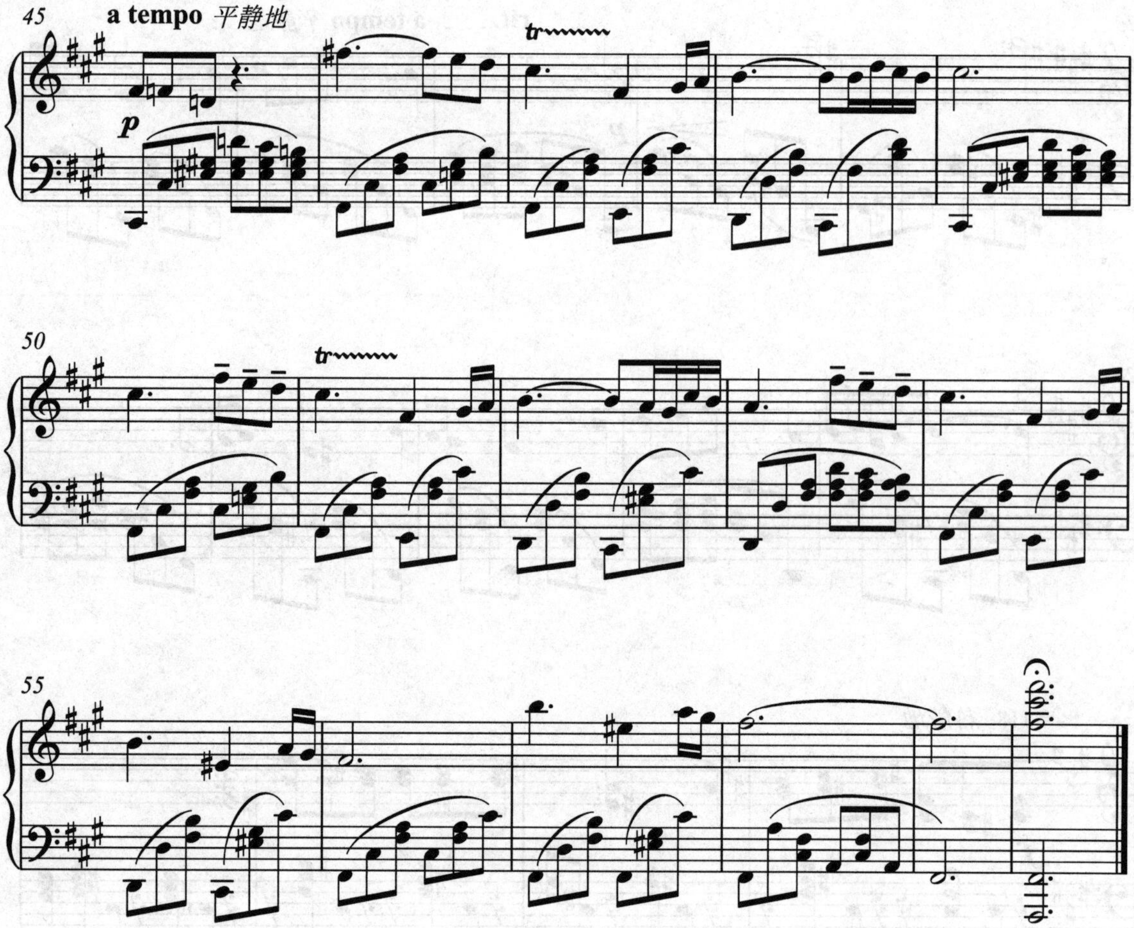
45
a tempo 平静地
p
tr
50
tr
55

七、《芊芊水远》作品赏析

《芊芊水远》全曲以生命之源——水为主题，描绘其跨越远古至今，纵横星际并孕育生命的历程。作品的主调为升 f 小调，并采用船歌体裁常用的八六拍（6/8 拍）。升 f 小调的自然小调音阶自带冷峻感，加上左手伴奏织体中模仿水流的分解和弦，营造出超自然梦境般的神秘色调。八六拍是一种复拍子，以八分音符为一拍，每小节六拍。其本质是两拍的三连音，因此可表现摇摆感和流动性，使听众仿佛置身于波涛起伏、若隐若现的烟波江面。

（一）前奏

第 1～2 小节是全曲的引子（见钢琴曲五线谱第 1 页第 1 行）。这部分引出主要伴奏织体与律动形式，左手采用连奏演奏法并结合逐步上行的分解进行，以模仿水流的形态。这种表现手法赋予音乐独特的叙事性和画面感，宛如讲述一个跨越星际到蔚蓝地球的生命故事。连奏消除了音符间的缝隙，可勾勒出无缝衔接的旋律线，而上行的分解和弦形成一股液态音流，模仿自然界水波起伏。音高上升时，需要更大的触键力度推动音量自然增强，形成攀登式张力，从而表现水分子 OH 键角张力和反应活性。而分解和弦以逐个音符呈现和弦结构，使听众先感知单音线条，后明晰和声全貌，营造恍然大悟的听觉体验，就像人类对水和生命起源的认知历程。此外，从低音区向高音区连奏分解时，频谱由厚重变为透明，营造从洞穴走向旷野的空间转换感，借此表现水分子在微观细胞和宏观世界的纵横驰骋。引子部分的和声采用作品主调的属和弦，由此引出主题的主和弦。

（二）主题乐部

第 3～32 小节为主题乐部（见钢琴曲五线谱第 1 页第 1 行～第 2 页第 2 行），表现水分子从量子到星辰的时空跨越。第 3～13 小节是主题乐部中的主题乐段，旋律以稳定的级进下行为主，表达水的静谧与柔情。长时值音符与短时值音符的组合，形成了前长后短的节奏形态，为旋律加增了歌唱性。第 3 小节从升 F 到升 C 的下行级进旋律（下行五度）与第 4 小节从升 F 到第 5 小节 B 音（上行四度）形成了旋律上的倒影关系，以旋律模仿水中倒影。而低音的进行方式也伴随右手旋律，形成从升 F 到升 C 的级进下行线条，至第 6 小节右手旋律停留在长音上，左手采用从 D 到 B 的下行级进旋律，对右手进行了旋律呼应。通过左右手旋律呼应，形成"卡农式对话"，仿佛山谷回声，又像是水中泛起的涟漪。从第 7 小节第二乐句开始，加大了旋律音程距离，采用了大量跳进旋律，使整体旋律波澜起伏，宛如奔腾的急流冲击水岸。例如，在第 7 小节，将第 1 小节首音变为升 C，从而形成升 C 到升 F 的跳进。第 10 小节继续扩大音程至 A 音，形成与升 F 更远的音程跳进。

第 14～25 小节是主题乐部中的对比乐段。从第 14 小节至第 20 小节，小调色彩逐步向平行大调 A 大调的明亮色彩过渡，旋律也逐步上行，并与主题乐段前 3 小节旋律形成反向进行，采用从升 F 至 A 的上行级进旋律，情绪逐渐上扬。和声在第 19 小节采用 A 大调的属和弦，进行到下一小节 A 大调主和弦，之后将调性在第 22 小节转入主调（升 f 小调）的同名大调（升 F 大调），以此彻底完成调性色彩转亮。伴随着调性色彩变化，旋律也逐步向上行进，至第 24 小节的升 C 音，达到作品小高潮。与主题乐段展现的水的静谧和温柔相比，对比乐段描绘了水的激情和能量，仿佛置身于太阳的光辉中，聆听每一个光子和每一个水分子携手连奏的生命之曲，感触它们为生命活动提供的物质和能量。

第 26～32 小节是主题乐部的主题再现段，通过回归原始主题，不仅连接过去和未来，赋予音乐史诗性，而且经反复渲染，回顾星球万物的生命之源——水。

（三）对比中部

第 33～44 小节是全曲的对比中部（见钢琴曲五线谱第 2 页第 3～5 行），进一步表现水的活力与宇宙万物的关联。第 33 小节转至主题（升 f 小调）的同名大调（升 F 大调），通过同名大小调在调性上的直接对置，实现色彩快速暗明切换。左右手织体交织形成切分节奏，这种切分节奏通过颠覆常规重音规律，赋予音乐独特的动力与表现力，打破听觉惯性，与主题乐部形成鲜明对比，引导听众感受从水的轻柔转向水的热烈，感受水在蔚蓝星球和星际宇宙中负重穿梭。这部分旋律更加厚重，双手切分节奏的穿插让整体节奏更加密集，使这部分音乐具有更多张力，犹如平静水面下暗藏激烈，既可如小溪清水平如镜，也可因一叶飞来细浪生，还可如乱石穿空、惊涛拍岸，卷起千堆雪。第37小节再次将调性切换，回到升f小调，再次进行色彩对比。第40小节停留在属和弦之后，通过固定音程关系将和声向上移位重复，利用这种和声模进方式来制造动力与悬念，并以小节为单位进行二度推进，以其严格音程关系形成一种音乐齿轮般的结构，产生不可阻挡的机械动力。这种反复切换，犹如由能量驱动的水三相变化，在固态（冰）、液态（水）、气态（水蒸气）之间相互转化，并蕴含对第四相水的悬念。

（四）结尾

第45～60小节是全曲的紧缩再现部（见钢琴曲五线谱第3页第1～3行），在水的时空之旅中，回溯原始细胞和现代文明，重温以水谱写的生命史诗和文明脉络。第45小节旋律开始回落，从第46小节开始，对主题进行回顾，采用了较多颤音。这种装饰技法通过音高或振幅的周期性波动，赋予声音以生命力和情感召唤力，表现生生不息、代代相传的生命之火。

第五章

The
Code
of
Life

生　命　的　密　码

脱氧核糖核酸（deoxyribonucleic acid，DNA）和核糖核酸（ribonucleic acid，RNA）是生命密码的核心化学载体，二者构成构建和运行生命体的基本遗传蓝图，并常遵循 DNA → RNA →蛋白质的中心法则，将遗传信息转变为功能分子。通过四种碱基组合，DNA 形成编码蛋白质的基因序列，以及调控蛋白质在何时、何地、以何种强度表达的调控序列。其稳定的双螺旋结构使其能够精确复制，并稳定传递给下一代。同时，DNA 复制过程中的突变和基因重组，又为自然选择提供了可能，保证生命为适应环境不断进化发展。然而，生命的密码远不止 DNA 序列本身。在不改变 DNA 序列的情况下，环境因素可通过 DNA 甲基化修饰、组蛋白修饰等方式改变基因表达。这种被称为"写在 DNA 序列之上"的表观遗传密码，不仅影响生长发育和多种疾病的发生发展，还可跨代传递。而蛋白质折叠被称为是生命的第二重密码，具有特定氨基酸序列的蛋白质必须折叠成特定的三维结构才能正常发挥其生物学功能。此外，细胞内复杂的信号分子网络、大脑中数百亿神经元的连接和电信号传递，构成了生命的"通信密码"，并以此调控基因表达、细胞行为和突触可塑性，为意识、思维和情感等提供物质基础。而生物个体之间以及与环境之间的复杂互动，则是维持生态系统平衡的"生态密码"。可见，在 DNA 序列之上叠加多层次的"动态密码"，从表观遗传、蛋白质折叠、信号转导、神经网络和生态系统等不同维度调控生命体系的运行。

一、核苷酸的结构与组成

核苷酸（nucleotide）是细胞中的一类重要有机小分子，具有多种生物学功能，包括作为核酸的基本组成单元，参与遗传信息的存储与传递。它由核苷和无机磷酸基团构成，核苷是一种戊糖苷，由碱基与 D- 脱氧核糖或 D- 核糖通过 β-N- 糖苷键连接而成。

1. 碱基

碱基（base）包括嘧啶和嘌呤两类。其中，嘧啶是一种六元芳香杂环，含有 2 个 N 原子，具有平面结构。而嘌呤由六元嘧啶环与五元咪唑环稠合而成，两个环不完全共平面，含有 4 个 N 原子。生物体内常见的碱基共有五种，包括胸腺嘧啶（T）、尿嘧啶（U）、胞嘧啶（C）、腺嘌呤（A）和鸟嘌呤（G），其结构如图 5-1 所示。DNA 和 RNA 共有 C、A 和 G，U 通常只存在于 RNA 中，T 通常只存在于 DNA 中。但少数病毒（如某些痘病毒）的 DNA 中含有少量 U，在蛋白质合成中负责携带和转移活化氨基酸的 tRNA 也会有少量 T，但其生物学功能尚未明确。此外，在环境因素（如亚硝酸盐）作用下，DNA 中的 C 可发生脱氨基反应，转变为 U，而细胞中的尿嘧啶 -DNA 糖苷酶会切除 U，并由修复系统将其替换为正确的 C。

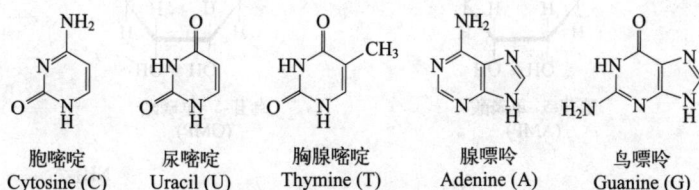

| 胞嘧啶 Cytosine (C) | 尿嘧啶 Uracil (U) | 胸腺嘧啶 Thymine (T) | 腺嘌呤 Adenine (A) | 鸟嘌呤 Guanine (G) |

图 5-1 碱基的化学结构

2. 核苷

核苷是由戊糖和碱基通过 β-N- 糖苷键形成的一种糖苷，如图 5-2 所示，糖苷键由戊糖的 $C1'$ 原子与嘧啶碱基的 N1 或嘌呤碱基的 N9 连接形成。N- 糖苷键标注为 β 型，表明碱基环在核糖环的上方，反之则是 α 型，而自然界中尚未发现 α-N- 糖苷键。根据碱基在糖苷键上的位置，核苷可分为两种构象，如果碱基与戊糖环朝向同一个方向称为顺式核苷，反之则称为反式核苷。由于糖苷键的旋转受到戊糖环的空间位阻限制，嘧啶核苷的构象一般为反式，而嘌呤核苷的构象可采取顺式或反式，顺式构象主要存在于 Z 型 DNA 中。

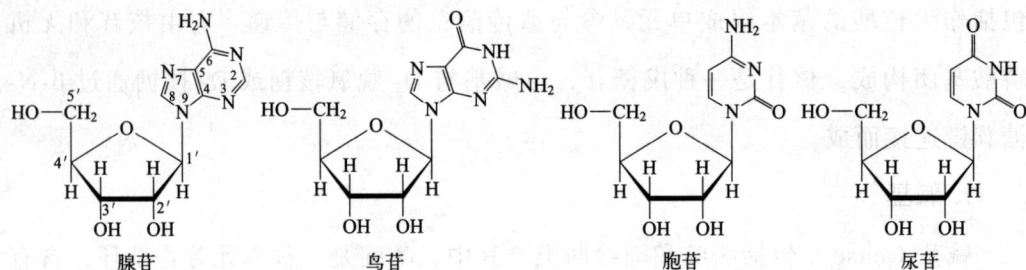

图 5-2 核苷的化学结构

3. 核苷酸

核苷酸是由核苷的戊糖羟基与磷酸脱水缩合而形成的一种磷酸酯，分为核糖核苷酸和脱氧核糖核苷酸，它们像核苷一样也具有顺式和反式两种构象。核苷的 5′-OH、3′-OH 和 2′-OH 均可形成磷酸酯键，但是自然界中发现的核苷酸多为 5′-OH 与磷酸脱水缩合形成的磷酸酯。核糖核苷酸的化学结构如图 5-3 所示。

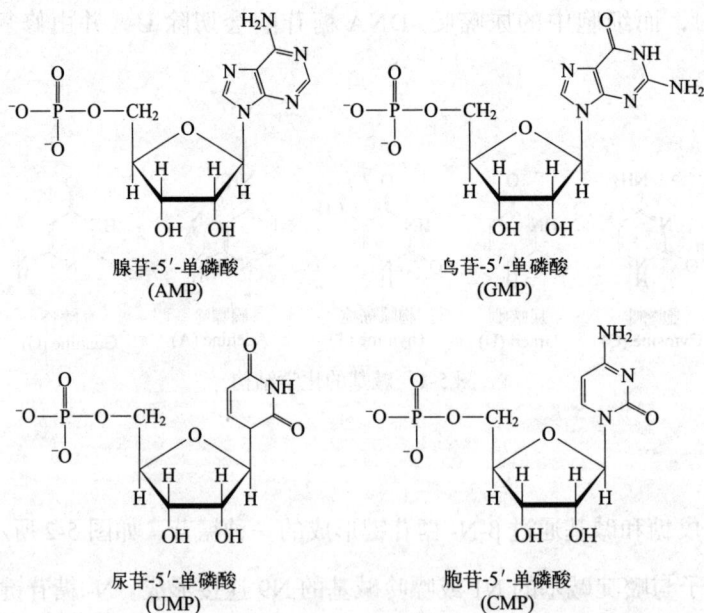

图 5-3 核糖核苷酸的化学结构

核苷与一分子磷酸脱水缩合形成核苷一磷酸（NMP）。NMP 磷酸基团上的羟基与磷酸继续脱水缩合，生成核苷二磷酸（NDP），NDP 进一步脱水缩合生成核苷三磷酸（NTP）。其中，直接与戊糖相连的磷酸基团称为 α 磷酸，其余两个磷酸基团依次称为 β 磷酸和 γ 磷酸。图 5-4 展示了腺苷酸的三种形式腺苷一磷酸（adenosine monophosphate，AMP）、腺苷二磷酸（adenosine diphosphate，ADP）和腺苷三磷酸（adenosine triphosphate，ATP）的化学结构和转化过程，它们通过磷酸基团的增减而相互转化，构成动态循环系统，在细胞能量代谢和信号传递中扮演核心角色。

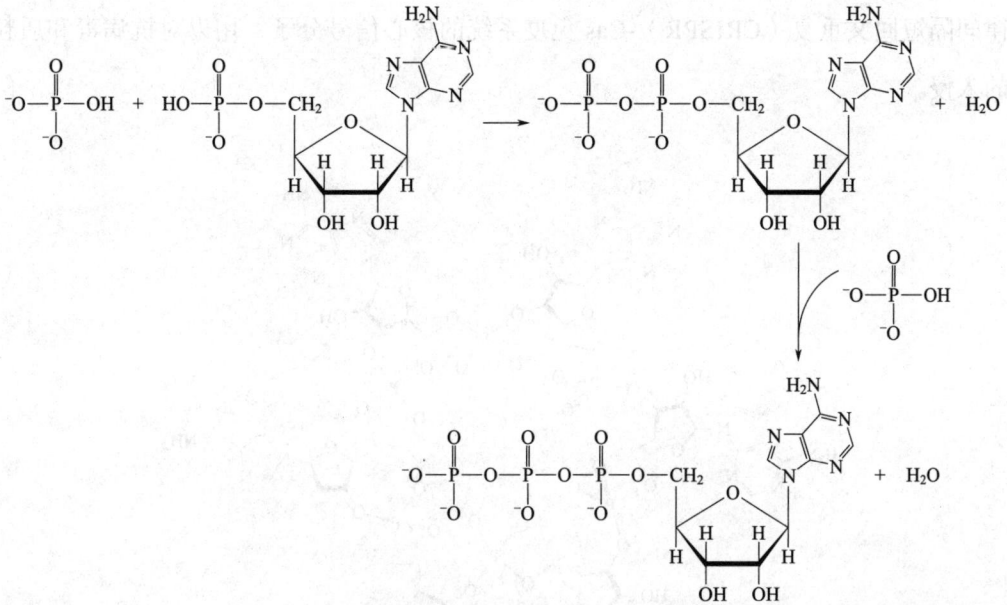

图 5-4 腺苷酸三种形式的化学结构及转化

仔细观察图 5-2 和图 5-3，可发现位于核苷酸 5′ 位的磷酸还可与分子内 3′-OH 形成分子内 3′, 5′- 磷酸二酯键，进而生成环状核苷酸，该反应在细胞内由环化酶催化。3′, 5′- 环腺苷酸（cyclic adenosine monophosphate，cAMP）和 3′,5′- 环鸟苷酸（cyclic guanosine monophosphate，cGMP）是两个典型的环状核苷酸，在细胞中作为第二信使参与许多重要生物过程。磷酸二酯酶（phosphodiesterase，PDE）通过水解 cAMP 和 cGMP 来调控细胞内信号传导，当 cAMP 或 cGMP 完全分解为 5′-AMP 或 5′-GMP 时，信号传导终止，由此精确调节生理活动的强度与持续时间。其中，cAMP 的核心功能是通过蛋白激酶 A（protein kinase A，PKA）或 cAMP 激活的交换蛋白（exchange protein activated by cAMP，EPAC），调控基因表达、细胞代谢及电生理活动等，协调对激素、神经递质等信号的快速应答。cGMP 与 cAMP 功能不同，它主要通过 cGMP 依赖性蛋白质激酶（cGMP-dependent protein kinase，PKG）或直接作用于离子通道，参与视觉信号传递、心血管舒张、平滑肌收缩、神经信号传递等过程。

核苷酸除可发生分子内脱水反应外，还可以在两个以上相同或不同核苷酸之间发生分子间脱水反应，形成环寡核苷酸。例如，细菌中广泛存在的第二信使分子环二鸟苷酸（c-di-GMP），主要调控细菌生物膜的形成。由六个腺苷酸通过分子间脱水而形成的环六腺苷酸（见图 5-5），主要存在于细菌和古菌中，是原核生物中成簇规律间隔短回文重复（CRISPR）-Cas 免疫系统的核心信号分子，用以对抗病毒和质粒的入侵。

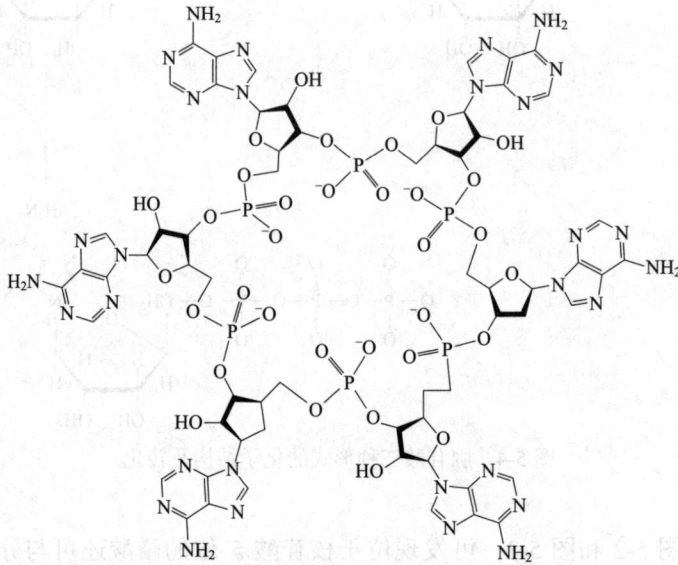

图 5-5 环六腺苷酸的化学结构

二、核酸的结构与功能

核酸是多聚核苷酸，由多个核苷酸通过 5′- 磷酸与 3′-OH 发生分子间脱水反应形成的磷酸二酯键连接而成，包括脱氧核糖核酸（deoxyribonucleic acid，DNA）和核糖核酸（ribonucleic acid，RNA）两类。与单链 RNA 相比，双链 DNA 结构具有强大的稳定性和精确的遗传与修复机制，四种碱基通过排列组合可编码海量遗传信息，并具有高度进化适应性，由突变积累推动自然选择，同时维持物种稳定，这些是 DNA 作为主要遗传物质的优势。RNA 的 2′-OH 使其化学不稳定性显著高于 DNA，这种不稳定性使 RNA 能够快速周转，使细胞能够快速调整基因表达，以不稳定性换取动态可塑性。此外，RNA 的单链结构灵活可折叠，复杂多变的二级结构赋予其多种功能。除了作为某些病毒的遗传物质，RNA 还在遗传信息传递、催化反应、基因表达调控和病毒防御等生物过程中扮演核心角色。生命在 RNA 的"短期动态"与 DNA 的"长期稳定"之间繁衍生息，DNA 坚定地守护遗传蓝图，RNA 灵活地应对生命调控网络的需求。

1. 核酸的一级结构

核酸的一级结构指核酸分子中核苷酸的排列顺序，或碱基的排列顺序。它是核酸最基础的结构层次，决定了遗传信息的存储和传递方式。一般用碱基的单字母缩写来表示序列，如果两端有磷酸基团，可用 p 表示，如果不确定则用横线"-"表示，在模糊表示中可省略 p 和横线。DNA 和 RNA 核酸序列分别前缀 d 和 r，图 5-6 为构成 DNA 和 RNA 的两种线性四聚脱氧核糖核酸和四聚核糖核酸的结构，左边四聚脱氧核糖核酸序列可表示为 dATGC，右边四聚核糖核酸序列可表示为 rAUGC。核酸链均具有 5′ 和 3′ 两个不对称的末端，其中 5′ 末端磷酸基团不参与形成 3′,5′- 磷酸二酯键，3′ 末端核苷酸的 3′-OH 也不参与形成 3′,5′- 磷酸二酯键。按照惯例，书写核酸的一级结构时一般从 5′ → 3′ 书写。在生理条件下，多聚核苷酸链上的磷酸基团处于离解状态，携带大量负电荷，因此核酸又是一种多聚阴离子复合物。每一条 DNA 或 RNA 链上的核苷酸残基都按照一定顺序进行排列，这种排列顺序被称为核酸的一级结构。

除了线性核酸以外，自然界中还存在环形核酸。环形核酸没有游离的 5′ 和 3′ 末端，其两个末端之间通过磷酸二酯键连接形成闭合结构。细菌的染色体 DNA、大多数质粒 DNA、叶绿体 DNA、大多数线粒体 RNA 和类病毒非编码 RNA 均为环形。核酸的一级结构承载着生物体的遗传信息，这类信息储存在特定核苷酸编码序列中。

2. 核酸的二级结构

核酸的二级结构指在主链碱基序列基础上形成的各种折叠和局部稳定构象，包括双螺旋、发夹结构、G- 四链体等，它是遗传信息从"线性序列"到"功能构象"的关键桥梁，在进化、调控和疾病发生发展过程中具有核心作用。

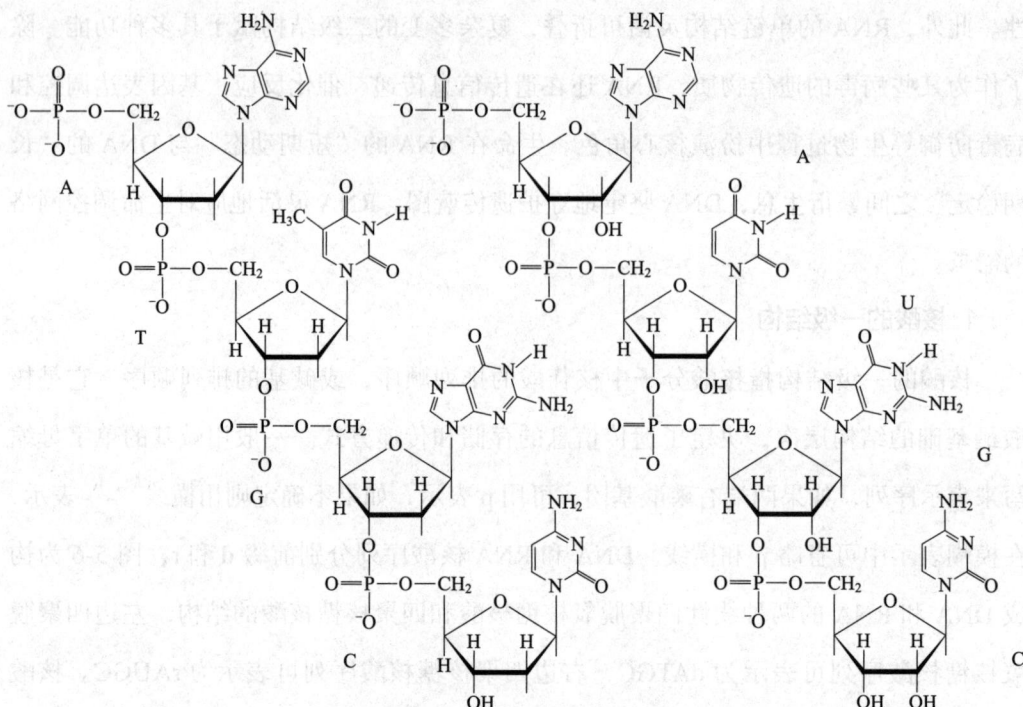

图 5-6　四聚脱氧核糖核酸和四聚核糖核酸的化学结构

（1）DNA 的二级结构

DNA 的二级结构主要指其各种形式的双螺旋构象，包括 B 型、A 型、Z 型，此外也有三螺旋和四链结构等非经典二级结构。

B 型 DNA 结构是指由沃森和克里克提出的右手双螺旋结构。美国生物学家沃森（James Dewey Watson）和英国生物学家克里克（Francis Harry Compton Crick）于 1953 年 4 月 25 日在《自然》期刊发表了题为《Molecular Structure of Nucleic Acids：A Structure for Deoxyribose Nucleic Acid》的短文，提出了 DNA 的 B 型双螺旋模型。查戈夫（Chargaff）规则和 X 射线衍射技术为发现这一结构奠定了基础。1950 年，奥地利生物学家埃尔文·查戈夫（Erwin Chargaff）发现，不同物种的 DNA 中，腺嘌呤（A）与胸腺嘧啶（T）数量几乎完全一样，鸟嘌呤（G）与胞嘧啶（C）的数量也几乎一样，这暗示了碱基配对的可能性。1952 年，伦敦帝国学院的莫里斯·威尔金斯（Maurice Wilkins）和罗莎琳德·富兰克林（Rosalind Franklin）通过 X 射线衍射研究了 DNA 纤维结构，富兰克林拍摄的照片清晰显示 DNA 具有螺旋结构，并提供了螺距、直径等关键参数。1962 年，沃森、克里克和莫里斯·威尔金斯三位科学家因发现 DNA 双螺旋结构荣获诺贝尔生理学奖或医学奖，罗莎琳德·富兰克林因卵巢癌于 1958 年离世，未能获此荣誉。B 型 DNA 由两条反平行的多聚核苷酸链组成，它们互相缠绕形成右手双螺旋。两条链的碱基互补配对，如图 5-7 所示，A 与 T、C 与 G 之间不仅在几何形状上完美互补，还通过氢键、疏水作用和 π-π 堆积作用（π-π stacking）加固这种双螺旋结构。

图 5-8 显示，B 型 DNA 结构的碱基位于双螺旋内部，并垂直于螺旋轴。带负电荷的磷酸基团位于双螺旋外部，在细胞中可由 Mg^{2+}、Na^+、K^+ 等阳离子中和电荷。在真核细胞中，负电荷磷酸基团有利于与带正电荷的组蛋白结合，稳定染色质构象。双螺旋表面不规则，含有大沟（major groove）和小沟（minor groove）。相邻碱基对距离为 0.33nm，相差约 36°，螺旋直径为 2.00nm，螺距为 3.32nm，每一圈完整螺旋包含约 10 个碱基对。

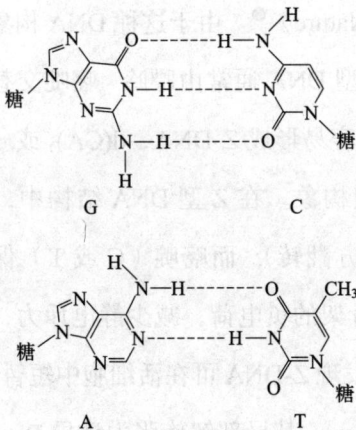

图 5-7 AT 和 GC 碱基对互补

图 5-8 DNA 的双螺旋结构

B 型 DNA 在一定环境（如共存离子、湿度等）、碱基序列、蛋白质结合和超螺旋应力等条件下可转换成其他构象，包括 A、C、D、E、T 和 Z 等，这种动态变化体现了 DNA 在遗传信息存储与功能调控中的灵活性。在正常细胞中，只有 B 型、A 型和

Z 型 DNA，而在活细胞中 B 型为主要形式。A 型与转录激活有关，当 B 型 DNA 钠盐在相对脱水条件（低于 75% 湿度）或高盐条件下，可形成 A 型 DNA 右旋双螺旋结构。其碱基倾斜（19°），螺旋变短变宽（螺距 2.80nm）。在活细胞中，由于存在大量水分子，很难形成 A 型 DNA。A 型结构是孢子休眠期的一种生存策略，通过构象转变和蛋白保护双重机制，确保遗传物质在恶劣环境中长期稳定保存，为后续条件适宜时的孢子萌发提供完整的遗传信息。比如，在革兰氏阳性细菌如芽孢杆菌 *Bacillus* 和梭状芽孢杆菌 *Clostridium* 的孢子内，DNA 是 A 型。因为在形成孢子时，细胞高度脱水，而且孢子内富含小酸溶性芽孢蛋白（small acid-soluble spore proteins，SASPs），这类蛋白结合 DNA 后会诱导其转变为 A 型。A 型紧密结构可减少自由基攻击、酶解或干燥造成的损伤，增强孢子对高温、紫外线辐射和化学试剂的抵抗能力。此外，在基因转录时，DNA 与 RNA 形成的杂交双螺旋为 A 型，因为 RNA 的 2′-OH 造成空间位阻影响 B 型双螺旋的形成。

Z 型 DNA 最早在体外被发现，是一种与经典 B 型 DNA 不同的左手螺旋构象，其形成需要特定的序列、环境、化学条件和生物学因素驱动。1979 年，美国科学家亚历山大·里奇（Alexander Rich）及其团队利用 X 射线晶体衍射技术，分析了人工合成的 DNA 六聚体 d（CGCGCG）的构象，他们发现在高盐浓度（如 2mol/L NaCl）条件下，DNA 呈现左旋螺旋结构，相关研究论文发表于《Nature》❶。由于这种 DNA 构象的磷酸骨架呈锯齿形（zigzag），故名为"Z-DNA"。Z 型 DNA 通常由嘌呤 - 嘧啶交替序列驱动，尤其是 d(CG)$_n$ 重复序列（如 CGCGCG）最容易形成 Z-DNA，d(CA)$_n$ 或 d(TG)$_n$ 在特定条件下（如高盐环境）也可诱导形成 Z 型构象。在 Z 型 DNA 结构中，嘌呤（G 或 A）采取顺式（syn）构象（碱基朝糖环上方翻转），而嘧啶（C 或 T）保持反式（anti）构象。高浓度 Na$^+$ 或 Mg^{2+} 可中和磷酸骨架的负电荷，减少静电斥力，促进 B → Z 的构象转变。20 世纪 80 年代以后，科学家发现 Z-DNA 可在活细胞中短暂存在。DNA 在转录或复制时产生负超螺旋（under-winding），其局部解旋张力诱导 B → Z 的构象转变，从而在活跃转录的基因启动子区出现 Z-DNA。碱基的化学修饰也可促进 Z 型 DNA 构象形成，如胞嘧啶甲基化可增强疏水性，促进 Z 型构象形成。此外，特定

❶ Wang A J, Quigley G, Kolpak F, et al. Molecular structure of a left-handed double helical DNA fragment at atomic resolution[J]. Nature, 1979, 282: 680-686.

蛋白质能直接结合并稳定 Z-DNA，Z-DNA 结合蛋白（ZBP）包括 ADAR1（RNA 编辑酶）和 DAI（先天免疫传感器）等，它们通过 Zα 结构域特异性识别 Z-DNA，促进 B → Z 的构象转变。其他转录相关蛋白（如 RNA 聚合酶）在转录时，也可能短暂诱导 Z-DNA 形成。Z 型 DNA 不能在细胞中稳定存在，它是一种动态瞬时结构，可能参与基因表达调控、免疫应答和染色质重塑，其发现是结构生物学的重要里程碑，拓展了人类对核酸构象的多态性认知。

（2）RNA 的二级结构

RNA 的二级结构主要取决于其一级碱基序列，与 DNA 双链结构相比，其单链结构具有更灵活的自我折叠能力，可在不同区段的互补序列之间形成局部 A 型螺旋，而不能配对的序列则形成凸起、简单环、内部环或发卡环等，造就出 RNA 二级结构的多样性。其中，发卡结构（hairpin structure）最为常见，这是一种由单链 RNA 通过自身回折形成的茎环二级结构，因其形状类似发卡而得名。其茎（stem）结构由反向互补的碱基配对形成双链区（如 A-U、G-C），环（loop）结构为连接茎部的未配对单链区，通常含 4 ～ 8 个长度可变的核苷酸（长度可变）。发卡结构是功能 RNA 的核心结构，例如，tRNA 的三叶草结构含多个发卡，miRNA 前体（pri-miRNA）通过发卡被 Drosha/Dicer 切割，基因沉默相关的 siRNA 或 shRNA 的发卡结构经加工后引导 RNA 干扰。

转运 RNA（transfer RNA，tRNA）的核心功能是将特定氨基酸运送到核糖体，确保 mRNA 序列准确翻译为氨基酸序列（见图 5-9）。tRNA 由一条单链组成，含有 73 ～ 94 个核苷酸，碱基或五元糖环多有化学修饰。tRNA 的二级结构呈三叶草形（cloverleaf），保守核苷酸一般都位于三叶草结构的非氢键区域。构成 tRNA 二级结构的元素包括环（loop）、茎（stem）和臂（arm），一般含有四个环、四个茎和一个可变区。环由未配对的碱基突出构成，茎为互补配对的碱基所形成的 A 型双螺旋。3′ 端具有非配对的保守 CCA 序列，它与第四个核苷酸构成接收氨基酸的臂，其余七个碱基互补配对形成受体茎。按照 5′ → 3′ 的顺序，四个环依次为 D 环（dihydrouridine loop）、反密码子环（anticodon loop）、可变环（variable loop）和 TΨC 环（T pseudouridine C loop）。四个茎分别为接纳茎（acceptor stem）、D 茎（dihydrouridine stem）、反密码子茎（anticodon stem）和 TΨC 茎。转运氨基酸时，接纳茎与氨基酸结合形成氨酰 tRNA，氨基酸被添加到末端腺苷酸的 3′-OH 上。D 环常常含二氢尿嘧啶（D）修饰碱基，与 tRNA 的稳定性相关。反密码子环含由 3 个核苷酸组成的反密码子，根据碱基互补配对原则读取 mRNA 上的密码子，依次将核苷酸序列翻译为氨基酸序列。TΨC茎含有胸苷（T）、假尿苷（Ψ）和胞苷（C），其中假尿苷（Ψ）是一种修饰碱基，为尿苷的异构体，可增强结构稳定性。TΨC 序列在几乎所有 tRNA 中高度保守，突显其功能的不可替代性。核糖体对 TΨC 环的识别是 tRNA 结合的重要环节，但该过程需与反密码子、D 环等协同作用。如果将 tRNA 与核糖体的结合比喻为"钥匙开锁"，那么 D 环和氨基酸臂则相当于钥匙的握柄，TΨC 环确保对准锁芯，而反密码子与mRNA 密码子配对开锁。在反密码子茎和 TΨC 茎之间有一个可变环，其长度因 tRNA类型而异。氨酰 tRNA 合成酶通过识别可变环的长度或序列，可确保 tRNA 的正确负载，避免误载其他氨基酸。

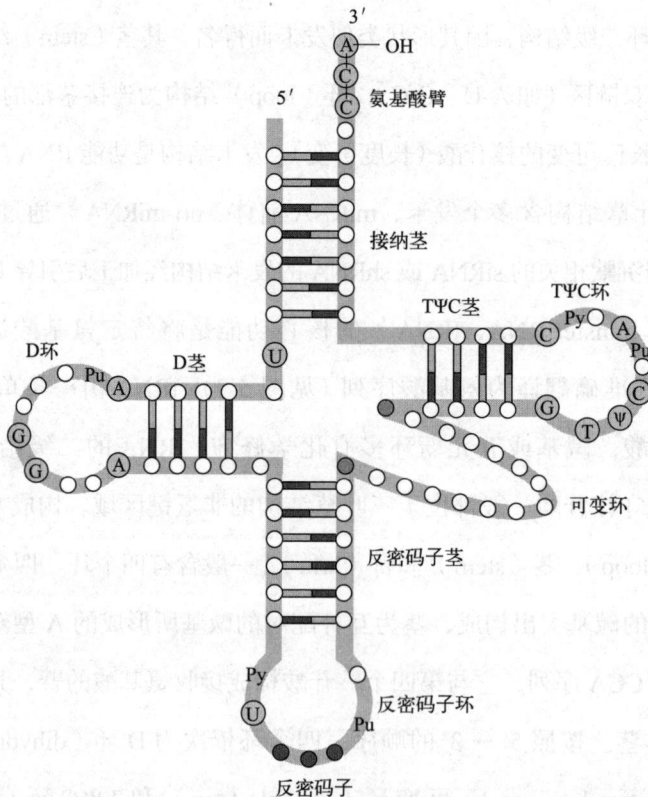

图 5-9　tRNA 的二级结构

核糖体 RNA（ribosomal RNA，rRNA）存在于核糖体上，核糖体是合成蛋白质的场所。按照沉降系数（sedimentation coefficient）大小，rRNA 可分为不同类型。沉降系数的单位为斯韦德贝里单位（Svedberg unit，S），该单位源自瑞典物理化学家斯韦德贝里（Theodor Svedberg），他因发明超速离心技术获得 1926 年诺贝尔化学奖，该技术为研究 rRNA 奠定了基础。原核细胞含有 5S rRNA、16S rRNA 和 23S rRNA，真核细胞含有 5S rRNA、5.8S rRNA、18S rRNA 和 28S rRNA。在 rRNA 分子上存在大量链内互补配对的碱基序列，使得 rRNA 高度折叠，不同物种的相同 rRNA 类型具有保守折叠形式。核糖体 rRNA 可与不同蛋白质结合，共同形成大亚基（large subunit）和小亚基（small subunit）两个功能互补部分，小亚基是"语言解码器"，负责读取 mRNA 信息；大亚基是"合成生产厂"，专注肽链合成。两者协作完成 mRNA 翻译和蛋白质合成，将遗传信息转化为功能性蛋白质。按照其沉降系数，原核细胞的核糖体小亚基为 30S（含 16S rRNA 和 21 种蛋白质），核糖体大亚基为 50S（含 23S rRNA、5S rRNA 和 34 种蛋白质）。真核细胞的核糖体小亚基为 40S（含 18S rRNA 和 33 种蛋白质），核糖体大亚基为 60S（含 28S rRNA 、5.8S rRNA、5S rRNA 和 50 种蛋白质）。在原核细胞中，16S rRNA 通过 SD（Shine-Dalgarno）序列识别 mRNA 的起始位点（与原核mRNA 的 5′ 端互补），确保起始密码子（AUG）正确定位，并监控 tRNA 反密码子与mRNA 密码子准确配对。四环素（tetracycline）是经典翻译抑制剂，通过结合原核生物 30S 小亚基的 16S rRNA，阻断新氨酰 tRNA 进入 A 位点，从而抑制蛋白质合成。结合四环素后，A 位点的 mRNA 密码子无法正确暴露，导致 tRNA 反密码子无法有效识别。23S rRNA 的肽酰转移酶中心（peptidyl transferase center，PTC）具有核酶活性，催化氨基酸间肽键的形成。23S rRNA 与 5S rRNA 协同稳定 tRNA 在肽酰基位和 A 位结合。红霉素（erythromycin）通过结合原核生物 50S 大亚基的 23S rRNA，阻塞肽链出口通道，从而阻断肽链延伸。5S rRNA 的核心功能是结构支撑，它与 23S rRNA 和核糖体蛋白结合，稳定大亚基构象，并协助 tRNA 的 CCA 末端正确定位。在真核细胞中，18S rRNA 负责识别真核细胞特有的 mRNA 5′ 帽结构，定位起始密码子（AUG），与起始因子（如 eIFs）协作，招募 Met-tRNA。Met-tRNA 是甲硫氨酸（methionine，Met）与 tRNA 共价结合的复合物，其羧基（—COOH）与 tRNA3′ 端 CCA 序列的腺苷酸通过酯键共价连接。Met 作为起始氨基酸在所有生物中高度保守，可能与甲硫氨酸的化学稳定性有关。28S rRNA 的功能类似原核细胞的 23S rRNA，催化肽键合成。5.8S rRNA 的核心功能是连接 28S rRNA 和 5S rRNA，增强大亚基稳定性，并在 prerRNA 加工过程中协助剪切修饰。真核细胞中的 5S rRNA 与原核细胞的 5S rRNA 类似，主要维持结构稳定。rRNA 在原核和真核细胞中具有相似的功能特点，均具有催化活性，其 23S/28S rRNA 为核酶（ribozyme），直接参与肽键形成。其功能核心区域在不同物种间高度保守，通过构象变化驱动翻译的不同阶段，动态调控起始、延伸、终止等过程。

信使 RNA（messenger RNA，mRNA）是将遗传信息从 DNA 传递到蛋白质的桥梁，通过单链分子自身回折和局部碱基配对，形成茎 - 环（stem-loop）结构和发夹（hairpin）结构，在基因表达调控、稳定性和翻译效率等方面起关键作用。按功能与调控特点，mRNA 可分为编码 mRNA 和调控性 mRNA 等，后者通过二级结构或序列元件调控自身或其他 RNA 的代谢。尽管单链 mRNA 结构灵活，但在一些关键功能区域，如起始密码子周围、核糖体结合位点和调控元件的二级结构往往受到严格调控，以确保基因表达的精确性。这种"张弛有度"的特性是生命适应复杂环境的核心策略之一，可进行环境响应性结构切换。如某些 mRNA 具有温度敏感结构，其起始区在低温下形成稳定茎环，升温后解链。尽管 mRNA 二级结构种类繁多，但人们更加关注其一级结构，因为一级结构决定其编码的多肽和蛋白质的氨基酸序列。

G- 四链体（G-quadruplex）是一种特殊的核酸二级结构，由富含连续或间隔的鸟嘌呤序列形成，典型模式为 $G_3N_{1-7}G_3N_{1-7}G_3N_{1-7}G_3$（N 为任意碱基），常见于端粒、基因启动子区和非编码 RNA 中。G- 四分体（G-quartet）是四链体的结构单元，G- 四链体的形成依赖于鸟嘌呤碱基之间的氢键和金属离子的稳定作用。其 4 个鸟嘌呤通过胡斯坦碱基配对形成平面方形结构，中心由一价阳离子（如 K^+、Na^+）稳定，这些阳离子可中和带负电的磷酸骨架。多个 G- 四分体通过 π-π 堆积作用形成四链体，链的取向可分为平行、反平行或混合型。阳离子 K^+（最优）或 Na^+ 与 G- 四分体的羰基氧配位，显著提高结构稳定性。胡斯坦碱基配对是一种非沃森 - 克里克碱基配对方式，由美国生物化学家喀斯特·胡斯坦（Karst Hoogsteen）在 1963 年首次发现。与经典的沃森 - 克里克碱基配对不同，胡斯坦碱基配对中碱基旋转一定角度，利用不同的原子位点形成氢键。例如，在胡斯坦碱基配对中，腺嘌呤（A）的 N7 和 C6 上的 N 原子分别与胸腺嘧啶（T）的 N3 和 O4 形成氢键，而沃森 - 克里克碱基配对中，则是 A 的 N1 与 T 的 N3、A 的 C6-N 与 T 的 O4 结合。鸟嘌呤（G）与胞嘧啶（C）在胡斯坦碱基配对下仅形成两个氢键，而非沃森 - 克里克碱基配对形成的三个氢键。这一特殊配对方式导致碱基平面倾斜，形成更紧凑的空间结构，适合三链 DNA 或四链体的稳定。其氢键在生理条件下可能短暂存在，与沃森 - 克里克碱基配对动态转换，参与调控 DNA 的动态构象变化和功能。

3. 核酸的三级结构

核酸的三级结构指在二级结构（双螺旋、茎、环等）的基础上，通过进一步折叠、扭曲、与其他分子或离子（如蛋白质和金属离子等）相互作用、远程碱基配对以及碱基与磷酸骨架的相互作用而形成的复杂三维空间构象，这种结构通过氢键、π-π 堆积作用、静电相互作用等得以稳定，在基因调控、催化活性等方面起着重要作用。

（1）DNA 的三级结构

DNA 的三级结构包括超螺旋和十字形结构。DNA 有松弛和超螺旋两种存在状态，松弛状态的 DNA 以 B 型构象存在，此时能量最低，每圈含 10 个碱基对。在特定条件下，当 DNA 每圈的碱基对数目多于或少于 10 个时，DNA 双螺旋会因过度缠绕或缠绕不足产生内部张力，进而自发形成正超螺旋或负超螺旋结构。大多数细胞中，未复制的 DNA 通常以负超螺旋的形式存在，这有利于转录和复制时的解链。当 DNA 开始复制时，随着解链的不断进行，负超螺旋被消耗，最终被正超螺旋取代。正超螺旋会阻止 DNA 的继续复制和转录，但细胞内的 DNA 拓扑异构酶可及时清除正超螺旋结构。某些大小与碱基相似的致癌物质可以插入 DNA 双螺旋的两个相邻碱基对之间，诱导产生正超螺旋，使 DNA 在复制时产生突变而致癌。

十字形结构（cruciform）是由反向重复序列（inverted repeats，IRs）在负超螺旋应力驱动下形成的十字形三维构象，其形成条件是同一 DNA 链上存在两段互补的镜像对称序列。当 DNA 双螺旋的螺旋不足（underwound）时，会产生扭转张力，促使反向重复序列解链并重排为十字形结构。DNA 的十字形结构与基因调控有关，出现在启动子区或终止子区，其十字形结构可阻碍或促进转录因子结合，从而调控基因表达。比如，大肠杆菌 tyrT 基因的十字形结构可抑制转录延伸。此外，由于十字形结构可导致基因组不稳定性，因此成为同源重组热点。它易被核酸酶识别，致使 DNA 断裂或重排，并阻碍复制叉前进，引发断裂 - 修复事件。DNA 十字形结构既是基因组动态调控的潜在工具，也是基因组不稳定的风险因素，在基因表达调控、基因组稳定性维持及疾病治疗中具有重要意义。

（2）RNA 的三级结构

RNA 单链的灵活性使 RNA 三级结构比 DNA 更复杂多样，RNA 可折叠成多种功能性构象，包括假结（pseudo knot）、tRNA 的 L 型折叠、核糖体的三级结构和核糖开关等。RNA 三级结构中的双螺旋区主要作为刚性框架，用于组织其他结构和功能部件；而构成凸起和各种环的单链区域，则直接影响形成 RNA 的最终三级结构。RNA 的折叠与蛋白质折叠相似，都需要分子伴侣的帮助，这种分子伴侣被称为 RNA 伴侣，可帮助 RNA 快速折叠为正确的构象。驱动和稳定 RNA 三级结构需要带正电荷的金属阳离子（如 Mg^{2+} 等）和碱性蛋白，这是因为生理条件下 RNA 带有负电荷，与金属离子或带正电荷的碱性蛋白结合中和电荷，可使不同区域磷酸核糖骨架相互靠近，进行近距离组装，最终形成特定构象。

假结是 RNA 分子上最常见的一种模体，它是茎环结构的环区碱基与外部序列配对所形成的嵌套结构。目前发现的稳定假结为 H 型，其一个发卡环上的碱基与茎以外的碱基配对，从而形成第二个茎环结构，产生具有两茎两环的假结结构。假结结构具有多种形式，每种形式都有特定生物学功能。例如，在翻译过程中，假结可诱导核糖体发生程序性移码，使核糖体向前或向后滑动一个或两个核苷酸，导致读码框改变，从而生成与原始编码序列不同的蛋白质变体。这是病毒高效利用基因组的关键手段，理解这一过程有助于开发广谱抗病毒药物。又如，端粒酶 RNA 中有一个高度保守的假结结构，对维持端粒酶活性具有重要作用，其突变可导致先天性角化不良等遗传病。值得注意的是，并非所有核酶（ribozyme）活性都依赖假结结构，但它在许多具有催化功能的 RNA 分子中都扮演了关键角色。假结的分类归属存在一些争议，其本质上属于二级结构，但其拓扑复杂性和功能重要性远超简单茎环，因此人们将其视为通向三级结构的桥梁，这对理解 RNA 动态折叠与功能调控至关重要。

tRNA 的 L 形折叠是其三级结构的核心特征，它由三叶草形二级结构通过碱基堆积和氢键相互作用形成。这种独特的空间构象为其适配器功能提供了结构基础，使其能够准确转运氨基酸至核糖体。在这种构象中，反密码子端与氨基酸端相距约 7nm。其 D 区与 TΨC 区通过碱基堆积形成连续双螺旋，以此构成 L 形折叠构象的长轴，而反密码子区则与氨基酸臂的茎区堆叠，形成 L 形折叠构象的短轴，并通过远端碱基间形成氢键，以及金属离子 Mg^{2+} 中和磷酸骨架负电荷，使折叠构象稳定。

核糖体的三级结构指 rRNA 的折叠，以及核糖体蛋白质与 rRNA 之间的三维排布关系。大亚基和小亚基组装成完整核糖体颗粒后，其内部 rRNA 与蛋白质相互作用形成三维空间构象，并以此形成解码中心和肽酰转移酶中心，这种结构是核糖体完成蛋白质合成（翻译）的基础，决定了其催化活性、底物识别及动态调控能力。小亚基 rRNA（如 16S rRNA）通过碱基配对、假结和远程相互作用折叠成复杂网状结构，形成解码中心（decoding center），负责 mRNA 的读取和 tRNA 校对。大亚基 rRNA（如 23S rRNA）折叠形成肽酰转移酶中心（peptidyl transferase center，PTC），催化肽键形成。

核糖开关（riboswitch）是一类位于 mRNA 非翻译区（un translated region，UTR）的调控元件，能够直接结合特定小分子代谢物或离子（如辅酶、金属离子等），进而通过构象变化调控基因表达。这种调控无需蛋白质参与，是 RNA 自身作为"传感器"和"调控开关"的典型范例。核糖开关的基本结构包括适配体域（aptamer domain）和表达平台（expression platform）。适配体域特异性结合小分子和离子，类似抗体 - 抗原结合。表达平台根据适配体域的构象变化，通过终止转录、抑制翻译或切割 RNA 来调控下游基因表达。硫胺素焦磷酸核糖开关（thiamine pyrophosphate riboswitch，TPP 核糖开关）是核糖开关家族中最经典且研究最深入的代表之一，在 RNA 调控领域具有里程碑式的地位。2002 年，TPP 核糖开关在大肠杆菌和拟南芥中被同时鉴定，这是科学界确认的第一类核糖开关，并在《Nature》和《Science》上同期报道。这一发现推动了"核糖开关"这一术语的正式确立。TPP 核糖开关的发现证明了 RNA 可独立感知小分子，颠覆了"代谢调控必须依赖蛋白质"的传统认知。其适配体域含有 GGMNRA 保守序列（N 为任意碱基，R 为嘌呤），具有高度保守的"吡啶环"结合口袋，可通过氢键和静电作用固定 TPP。在原核生物中，当代谢物硫胺素焦磷酸（TPP）特异性结合核糖开关适配体域（aptamer domain）时，可诱导 mRNA 构象发生变化，形成内在终止子（intrinsic terminator）茎环，使 RNA 聚合酶提前脱落，导致转录中断。此外，部分操纵子的核糖开关折叠后可遮蔽核糖体结合位点，阻止翻译起始。在真核生物中，TPP 结合可触发 mRNA 切割，或诱导内含子保留，生成无功能 mRNA 变体。

4. 核酸的四级结构

核酸的四级结构是指核酸分子（DNA 或 RNA）与其他生物分子（如蛋白质、金属离子或其他核酸）通过非共价相互作用形成的高级复合物结构，其功能依赖于各组分间的协同作用。这种结构层次在基因表达调控、染色质组织、病毒组装等生命过程中至关重要。核酸四级结构的类型包括核酸 - 蛋白质复合物、核酸 - 核酸复合物和核酸 - 金属蛋白复合物。

核酸 - 蛋白质复合物的典型代表包括染色质、转录复合物和端粒酶复合物。DNA 缠绕在组蛋白八聚体，形成染色质的基本单元核小体，再进一步折叠为染色质纤维。DNA- 蛋白质复合物在基因表达调控中起着重要作用，DNA 与组蛋白缠绕的紧密程度直接影响基因的可及性。转录因子（transcription factors，TFs）是一类能够特异性识别并结合 DNA 的蛋白质，通过与靶 DNA 序列结合形成转录因子 -DNA 复合物。转录因子可调控基因的转录活性，例如，Lac 阻遏蛋白的螺旋插入 DNA 大沟，可诱导 DNA 发生弯曲并使 DNA 环化。Lac 阻遏蛋白本身以四聚体形式结合了两个分离的操纵序列（operator，Lac O），通过 DNA 环化将两者拉近，导致 RNA 聚合酶无法结合启动子，或沿 DNA 移动，从而实现强效转录抑制，彻底阻断 Lac 操纵子的转录。端粒酶复合物由端粒 RNA（TERC）、逆转录酶（TERT）和辅助蛋白组成，其功能是以 RNA 为模板延伸端粒 DNA，维持染色体的稳定性。

核酸 - 核酸复合物以 CRISPR-Cas 系统为典型代表，它是原核生物的适应性免疫机制，专门用于防御病毒等外源遗传物质入侵。CRISPR-Cas 系统由 crRNA、tracrRNA（或单链向导 sgRNA）和 Cas 蛋白组装，可靶向切割外源 DNA，广泛应用于基因编辑技术（如 CRISPR-Cas9）。其中，crRNA（CRISPR RNA）是 CRISPR-Cas 系统中由间隔序列（spacer）转录产生的短 RNA 片段，是细菌和古菌 CRISPR-Cas 系统中的关键RNA 分子，负责识别并引导 Cas 蛋白切割外源 DNA，构成原核生物的适应性免疫防御机制。

核酸可与含有金属离子的蛋白质结合形成复合物，这些金属离子可以作为结构支撑、催化中心或调节因子参与调控复合物的稳定性和特定功能。锌指蛋白是结构型金属蛋白，它通过锌指结构域插入 DNA 大沟，特异性识别 DNA 碱基序列，参与基因转录调控和 DNA 修复。DNA/RNA 聚合酶、核酸酶、解旋酶、拓扑异构酶和端粒酶等蛋白则依赖金属离子的催化作用，参与核酸代谢、遗传信息传递、识别并修复 DNA 损伤等。DNA 甲基转移酶是金属离子（Zn^{2+}、Mg^{2+}）与蛋白质结合的经典范例，其功能高度依赖金属离子的配位作用。它含有保守的 S- 腺苷甲硫氨酸（S-adenosylmethionine，AdoMet）特异性结合口袋，这是催化 DNA 甲基化反应的核心结构特征，结合口袋的构象变化可调节 DNA 甲基转移酶的活性。AdoMet 作为甲基供体，通过 Mg^{2+} 激活催化中心，使高能硫甲基转移至 DNA 胞嘧啶。半胱氨酸（Cys）残基与 Zn^{2+} 配位形成锌指结构域，维持酶的三级结构和催化域的稳定性。

三、DNA 复制

DNA 是生命体的主要遗传物质，具有高度精确的复制能力，能够将遗传信息准确、稳定地传递给下一代。DNA 复制可发生在细菌或古菌的细胞质、真核生物的细胞核、叶绿体和线粒体中。此外，利用聚合酶链式反应（polymerase chain reaction，PCR）可在体外快速扩增 DNA 片段。DNA 复制可分为起始（initiation）、延伸（elongation）、终止（termination）三个阶段，依赖多种酶和蛋白质因子的协同作用，基本步骤概括如下。

1. 复制起始阶段

DNA 的复制以亲代 DNA 的两条母链为模板，以 4 种脱氧核苷三磷酸（deoxyribonucleoside triphosphate，dNTP，包括 dATP、dTTP、dCTP 和 dGTP）为原料，需 Mg^{2+} 作为辅因子与 dNTP 结合，以屏蔽磷酸基团的负电荷，Mg^{2+} 也在 DNA 聚合酶的活性中心直接参与催化反应。

（1）识别复制起点

对于原核生物，以大肠杆菌为例，OriC（origin of replication in *E coli*）是染色体 DNA 复制的起始区域，包含富含 AT 的重复序列和 DnaA 结合位点。DnaA 是原核生物 DNA 复制起始蛋白，能识别并结合 OriC，诱导 DNA 局部解开双链，形成复制叉，并招募其他 DNA 复制相关蛋白，启动 DNA 复制。真核生物具有多个复制起点，由复制起始识别复合体（origin of replication complex，ORC）识别。

（2）解旋

在解旋酶（helicase）作用下，DNA 双链在起始点解链，形成复制叉（replication fork）。原核细胞的解旋酶为 DnaB，真核细胞的解旋酶为微型染色体维持（mini-chromosome maintenance，MCM）复合物。为防止新形成的单链 DNA（single-strand DNA，ssDNA）重新配对成双链，或被核酸酶降解，单链 DNA 结合蛋白（single strand DNA binding，SSB）通过动态结合 ssDNA 并协调酶活性，保障复制、修复、重组等过程的精确性，其功能缺陷将导致基因组不稳定，引发癌症等疾病。

（3）引物合成

DNA 复制不能从头合成，只能在引物上进行链的延伸。在细胞内，短 RNA 常被作为引物分子。细胞内引物合成由引发酶（primase）催化进行，原核细胞的引发酶为 DnaG，真核细胞的引发酶为聚合酶 α（polymerase α）引发酶，在引发酶作用下可合成 6～15nt 的短 RNA 引物，从而提供 3'-OH 末端。在体外进行 PCR 实验时，需使用人工合成的 DNA 作为引物。

2. 复制延伸阶段

自 1953 年 Watson 和 Crick 提出 DNA 双螺旋结构以来，人们对 DNA 复制模式进行了大量猜测。其中，半保留模式猜测，亲代 DNA 的两条母链先解链分离，然后分别作为新链合成的模板，在最终得到的两个子代 DNA 分子中，一条链是新合成的子链，另一条链为原来的母链。1958 年，美国生物学家马修·梅塞尔森（Matthew Meselson）与弗兰克·斯塔尔（Franklin Stahl）共同设计了著名的"梅塞尔森 - 斯塔尔实验"，首次证实了 DNA 的半保留复制机制，这个实验被誉为"生物学最美实验"。他们将大肠杆菌放在 $^{15}NH_4Cl$ 为唯一 N 源的培养基上连续培养十多代，结合 CsCl 密度梯度离心技术，观察到 DNA 在传代过程中会形成"中间密度带"，直接证明了 DNA 半保留复制模式的存在。梅塞尔森师从诺贝尔奖得主鲍林（Linus Pauling），研究领域集中于分子生物学和遗传学。除科研成就外，他长期致力于禁止生物化学武器的国际行动，参与推动《禁止生物武器公约》。

（1）DNA 聚合酶

DNA 的复制合成在一系列酶和蛋白质的协同催化和调控下完成。原核生物中，DNA 聚合酶（Pol）Ⅲ全酶负责前导链和后随链的合成，真核生物中，DNA Pol δ 负责后随链的合成，DNA Pol ε 负责前导链的合成。DNA 聚合酶催化反应的通式见式（5-1），该反应需 DNA 模板和 Mg^{2+} 的参与，其产物焦磷酸（PPi）在焦磷酸酶作用下可迅速水解，使聚合反应趋于完全。由于 DNA 酶不能催化 DNA 的从头合成，并且只能按 $5' \rightarrow 3'$ 的方向催化反应，因此 DNA 合成需引物，并且只能按照 $5' \rightarrow 3'$ 方向进行复制。

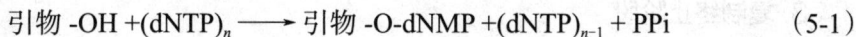

$$引物\text{-OH} + (dNTP)_n \longrightarrow 引物\text{-O-dNMP} + (dNTP)_{n-1} + PPi \qquad (5\text{-}1)$$

（2）前导链（leading strand）合成

前导链是 DNA 复制过程中连续合成的新生 DNA 链。首先，DNA 双链由解旋酶在复制起点催化解开，形成 Y 型复制叉，同时单链 DNA 结合蛋白与暴露的单链 DNA 结合，防止其重新缠绕或降解。引物酶在模板链的起始位置合成一段短 RNA 引物，为 DNA 聚合酶提供 3'-OH 末端作为起点。然后，DNA 聚合酶将脱氧核苷酸结合到 RNA 引物的 3' 端，并沿模板链的 $5' \rightarrow 3'$ 方向连续添加脱氧核苷酸，实现链的延伸。由于前导链的模板方向与复制叉移动方向一致，DNA 聚合酶可不断合成新生链，无需中途重新启动。随着解旋酶持续向前推进复制叉，前导链持续延伸，直到复制完成。

（3）后随链（lagging strand）合成

由于构成 DNA 双螺旋的两条链呈反平行，而 DNA 复制方向只能为 $5' \rightarrow 3'$，因此一个复制叉内的 DNA 复制可能采取半不连续模式，即一条子链连续合成，延伸方向与复制叉前进的方向相同；另一条子链不连续合成，延伸方向与复制叉前进的方向相反。先合成一些不连续的小片段，再由 DNA 连接酶连接相邻片段。首先提出半不连续复制的是日本生物学家冈崎令治（Okazaki Reiji），1968 年他利用脉冲标记技术对大肠杆菌基因组 DNA 的复制过程进行了标记和追踪，证实了半不连续复制机制。为纪念他在 DNA 复制中的杰出贡献，人们将不连续合成的 DNA 片段称为冈崎片段，并按照他最初的建议，将连续合成的子链称为前导链，不连续合成的子链称为后随链。

（4）复制叉的推进

拓扑异构酶（topoisomerase）直接催化 DNA 链断裂、旋转和重新连接并改变 DNA 拓扑结构，这类酶不仅可消除 DNA 在复制、转录、重组和染色质重塑过程中的拓扑障碍，还可调节细胞内 DNA 超螺旋程度，促进 DNA 与蛋白质的相互作用。按照 DNA 链的断裂方式，拓扑异构酶可分为 I 型和 II 型，分别在复制前方切断单链 DNA

和双链 DNA。Ⅰ型拓扑异构酶可快速减小复制叉前方的正超螺旋，防止转录停滞。Ⅱ型拓扑异构酶可在复制起点引入负超螺旋，促进双链解旋以启动复制，并修复 DNA 断裂导致的结构异常。参与 DNA 复制的主要是Ⅱ型拓扑异构酶，它同时交错切开 DNA 双链，并在消耗 ATP 同时，将 DNA 双螺旋从一个特定位置经过另一个双螺旋的切口主动转运至另一特定位置。

3. 复制终止阶段

复制终止阶段是 DNA 复制的最后步骤，其核心任务包括精确终止复制叉、分离连锁的 DNA 分子、处理末端复制问题，这些过程在原核生物和真核生物中存在显著差异。

（1）原核生物的 DNA 复制终止

以大肠杆菌为例，其 DNA 复制终止阶段包括终止位点识别、子代 DNA 分离和复制体解体等过程。在原核细胞中，特别是大肠杆菌中，存在终止子（terminator，Ter）位点，该位点包含多个终止序列，通常由 23 个碱基对组成，这些序列可与终止蛋白 Tus（terminus utilization substance）结合，所形成的 Tus-Ter 复合物能阻止解旋酶前进。这个过程仅对单向复制叉有效，可确保复制叉从特定方向被捕获。子代 DNA 分离依赖拓扑异构酶Ⅳ，它可切断并重连两条子代 DNA 链，从而解开连锁的环状分子。此外，DNA 解旋酶（如 RecQ）可协助解开未复制的区域或残留的 DNA 缠绕。最后，DnaB 解旋酶和 DNA 聚合酶从 DNA 上卸载，使复制体解体，供下一轮复制使用。

（2）真核生物的 DNA 复制终止

真核生物无特定终止序列，由于真核生物染色体含多个复制起点，因此需协调终止。当相邻复制叉相遇时，DNA 复制自然终止。范科尼贫血互补组 M 蛋白（fanconi anemia complementation group M，FANCM）和布卢姆综合征（bloom syndrome，BLM）解旋酶是两种关键的 DNA 解旋酶，在复制叉碰撞或停滞（replication fork stalling）时发挥协同作用，其中，FANCM 识别停滞的复制叉、招募修复复合物、启动复制叉逆转，BLM 解旋酶负责清除复制障碍、调控重组过程、确保复制叉安全重启。

真核生物的 DNA 复制终止与端粒有关。端粒是位于染色体末端的特殊结构，由 DNA 和蛋白质组成。端粒 DNA 由许多无编码功能的短重复序列组成，其主要功能是保护染色体，防止其融合、降解或重组。当真核生物的 DNA 复制到一定阶段时，位于端粒 DNA3′ 端冈崎片段上的 RNA 引物被切除，留下一段空隙，而这段空隙无法通过 DNA 聚合酶直接填补，因为 DNA 聚合酶不能催化 3′ → 5′ 方向的 DNA 合成。如果这个空隙不能及时填补，DNA 就会越来越短，因为每复制一次，其端粒 DNA 就会减少一段。那怎么解决这个问题呢？细胞常用的策略是利用端粒酶进行直接延伸。端粒酶是一种依赖 RNA 的 DNA 聚合酶，也被称为逆转录酶，由蛋白质和 RNA 组成。其蛋白质部分具有逆转录酶活性；RNA 有 0.5 拷贝重复序列与端粒 DNA 最后一段配对，另外 1 拷贝重复序列凸出在端粒的一侧作为模板，通过逆转录反应，可将 1 拷贝重复序列添加到端粒 DNA 的 3′ 端。随后端粒酶移位，以端粒凸出的一端作为合成新冈崎片段的模板，最终填补因冈崎片段 RNA 被切除后留下的空隙。DNA 复制体解体时，复制蛋白被卸载，子代 DNA 与组蛋白组装为染色质。

四、DNA 损伤、修复和突变

在环境因素或体内其他因素影响下，DNA 结构可能会发生损伤。但 DNA 可以在受损后通过精确复制机制恢复原始序列，而不是被降解或取代。即使在基因组微小的生命体中，也存在大量 DNA 修复相关基因，使遗传物质能够稳定传递。

1. DNA 的损伤

DNA 的损伤包括碱基损伤和 DNA 链损伤，由细胞内在因素（如复制错误、活性氧破坏等）和环境因素（如紫外线辐射、化学诱变等）引发。

（1）碱基损伤

根据损伤原因，碱基损伤可分为五类。第一，糖苷键水解可造成碱基脱落，其中以脱嘌呤最为普遍。第二，含有氨基的碱基可自发地发生脱氨基反应，特别是在亚硝酸盐存在下，可造成碱基转换，如胞嘧啶（C）经脱氨基反应可转换为尿嘧啶（U）。第三，某些化学试剂或活性氧可直接与碱基反应，导致碱基修饰，如活性氧与鸟嘌呤反应生成 8- 氧鸟嘌呤。第四，紫外线辐射可导致碱基之间发生交联反应，如两个相邻的胸腺嘧啶（T）之间可形成嘧啶二聚体。第五，在 DNA 复制过程中，四种 dNTP 原料的浓度不平衡、碱基互变异构或相似碱基等均可引起错配。

（2）DNA 链损伤

根据损伤原因，DNA 链损伤可分为三类。第一，细胞中的 NTP 误入 DNA 聚合酶活性中心，并被催化加入 DNA 链。第二，在辐射或化学试剂作用下，DNA 发生单链或双链断裂。第三，DNA 链间以及 DNA 与蛋白之间发生交联反应。

2. DNA 的修复

DNA 有大量损伤形式，几乎每一种损伤都有相应的修复机制。根据修复原理，可分为直接修复、切除修复、双链断裂修复和损伤跨越等。

（1）直接修复

这类修复无需切除核苷酸或依赖模板链，直接逆转 DNA 损伤的化学修饰，恢复原始碱基结构。其特点是高效，主要针对特定类型损伤进行修复，如烷基化碱基的修复、嘧啶二聚体的光复活修复、拓扑异构酶或辐射导致单链断裂的直接连接等。DNA 直接修复是细胞应对特定化学损伤的"快捷方式"，以酶促直接逆转为核心机制。

（2）切除修复

该修复机制包括识别、切除、合成和连接四个环节。碱基修复需识别受损碱基，而核苷酸修复不识别具体损伤，只识别损伤对 DNA 双螺旋结构造成的扭曲。随后切除损伤的碱基或核苷酸，再合成正常的核苷酸，再经连接酶进行切口连接。切除修复是生物体 DNA 修复的主要方式，2015 年诺贝尔化学奖授予了三位研究切除修复机制的科学家，包括瑞典科学家托马斯·林达尔（Tomas Lindahl）、美国科学家保罗·莫德里克（Paul Modrich）和拥有美国、土耳其国籍的科学家阿齐兹·桑贾尔（Aziz Sancar）。

（3）双链断裂修复

双链断裂是一种非常严重的 DNA 损伤，可导致突变或细胞死亡。需注意，这类损伤的修复缺乏直接可利用的互补链来提供断裂处的遗传信息。该修复机制包括同源重组修复和非同源末端连接修复。前者利用细胞内一些促进同源重组的蛋白质，从姐妹染色单体或同源染色体获得断裂处的遗传信息。后者在无同源序列的情况下，将断裂的末端直接连接，尽管容易发生错误，但这是细胞修复双链断裂的主要方式。

（4）损伤跨越

这是细胞在 DNA 复制过程中，当正在移动的复制叉遭遇无法修复的模板链损伤时，直接跨越损伤位点而继续合成 DNA 的一种应急机制。其特点是高效但易引入突变，它是细胞在"死亡"与"突变"之间的权衡选择，显示了生命在极端压力下的适应性智慧。损伤跨越合成包括重组跨越和跨损伤合成两种形式。前者利用同源重组的方法将 DNA 模板进行交换，使复制继续进行。后者由细胞内的非特异性 DNA 聚合酶介导，这类酶无校对活性并且进行性低，可取代停留在损伤位点上的 DNA 聚合酶，在子链上插入一个核苷酸，以实现对损伤位点的跨越。

3. DNA 的突变

如前所述，DNA 常常遭遇损伤，如果这些损伤没有被及时修复，或者通过跨损伤合成等机制错误修复，就可能被固定并传递给下一代，这些发生在 DNA 分子上可遗传的结构变化称为突变。

（1）点突变

这种突变也被称为碱基对置换，指 DNA 分子上某一碱基对变成另一碱基对的突变，分为转换（transition）和颠换（transversion）两种形式。转换指两种嘧啶或嘌呤之间的相互置换，颠换指嘌呤与嘧啶之间的互换。

（2）移码突变

其指在蛋白质基因的编码区发生一个或多个（非 3 整数倍）核苷酸的缺失或插入，导致可读框发生改变，使突变点下游的氨基酸序列发生根本性改变。这类突变也可能因引入终止密码子而使多肽链合成提前终止而被截短。

（3）隐性突变和显性突变

DNA 突变可能是隐性的（recessive）或显性的（dominant）。因为染色体是成对存在的（同源染色体），所以每个基因至少有两个拷贝。如果两条同源染色体上任意一个拷贝的基因发生突变，导致突变体的表型改变，这种突变就是显性突变。如果两条同源染色体上的基因均发生突变才会出现表型改变则为隐性突变。

五、DNA 转录和转录后加工

在 DNA 分子中，以 A、T、C 和 G 四种碱基编码的遗传信息不能直接作为模板合成蛋白质。1958 年，英国生物学家、物理学家克里克（Francis Harry Compton

Crick）提出了遗传学中心法则（genetic central dogma），按照这个法则，遗传信息从DNA 传递给 RNA，再从 RNA 传递给蛋白质，这两个过程分别称为遗传信息的转录（transcription）和翻译（translation），统称为基因表达（gene expression）。某些病毒（如烟草花叶病毒）的 RNA 可进行自我复制。而某些致癌病毒能以 RNA 为模板逆转录合成 DNA，这些是对中心法则的补充。

1. 细菌的 DNA 转录和转录后加工

与 DNA 复制过程类似，DNA 转录经历起始、延伸和终止三个阶段，实现从 DNA到 RNA 的信息传递。转录后加工使 RNA 被修饰并成熟，最终生成功能性 RNA（包括mRNA、tRNA 和 rRNA 等）。

（1）细菌的 DNA 转录

任何一种转录系统都具有特定的起始位点，即启动子（promoter），它具有高度保守性的碱基序列。细菌的 RNA 聚合酶通过 σ 因子直接识别启动子，而古菌和真核细胞的 RNA 聚合酶不能直接识别，需借助特殊的转录因子。细菌启动子位于转录起始点的 5′ 端，在转录活性极强的 rRNA 上游存在一段富含 AT 的启动子序列，其一致序列为 5′-AAAATTATTTT-3′，可使转录活性提高 30 倍，因此被称为增效元件（up element）。RNA 聚合酶 α 亚基的 C 端结构域可与该元件结合，增强 RNA 聚合酶与启动子的亲和力。基因的启动子序列与一致序列越接近，启动子的效率就越高，属于强启动子，反之则为弱启动子。形成起始复合物是转录的限速步骤，起始频率主要取决于启动子强度。强启动子每秒可启动一次转录，弱启动子每分钟或更长时间启动一次转录。当转录从起始阶段过渡到延伸阶段时，启动子被清空，聚合酶离开高亲和性启动子。聚合酶对启动子序列的特异性识别和高亲和性来源于 σ 因子，当 σ 因子解离后，核心酶就以低亲和力与 DNA 结合，转录即进入延伸阶段。细菌转录的终止有两种形式，分别为依赖 ρ 因子和不依赖 ρ 因子（rho factor）。细菌转录终止形式一般不依赖ρ 因子，而是依赖位于转录 3′ 端的一串 U 序列，以及紧靠 U 序列上游的一个富含 GC碱基对的茎环结构，它们共同构成终止子。依赖 ρ 因子的转录终止在细菌染色体 DNA中较少出现，噬菌体一般采取这种终止方式。

（2）细菌的 DNA 转录后加工

基因转录的直接初级转录产物不具有特定功能，转录后通过核苷酸序列的增减，或者特定核苷酸的化学修饰等结构加工，才能赋予转录产物特定功能。三种主要 RNA（mRNA、tRNA 和 rRNA）可经历不同的转录后加工，同一种 RNA 前体也可能经历不同加工路线，因此一个基因可能产生多种终产物，这已成为基因表达调控的一种手段。但是细菌 mRNA 很少经历转录后加工，一旦被转录，核糖体便结合其 5′ 端对其进行翻译。细菌 rRNA 的转录后加工包括剪切、修剪和核苷酸的化学修饰。剪切和修剪由特定核糖核酸酶催化，发生在 rRNA 与核糖体蛋白结合之后。核苷酸的化学修饰发生在剪切和修剪之前，主要是核糖 2′-OH 的甲基化和假尿苷的形成。细菌 tRNA 的转录后加工与 rRNA 相似，但其核苷酸的修饰主要是碱基修饰，有上百种形式。这些化学修饰可降低其构象的可变性，提高稳定性，改善氨酰化的速率、特异性和翻译解码的精确性。

2. 真核细胞的 DNA 转录和转录后加工

真核细胞转录系统与细菌转录系统具有非常相似的转录基本原理，但在多个关键环节存在显著差异。真核细胞 RNA 前体，特别是 mRNA 前体的转录后加工远比细菌复杂。这些差异反映了真核生物更精细的基因表达调控机制，以适应其复杂的多细胞功能需求。

（1）真核细胞的 DNA 转录

原核细胞的转录与翻译偶联，因无核膜屏障，mRNA 在合成的同时即可被核糖体翻译。真核细胞的转录在细胞核内进行，而翻译在细胞质中进行，两者在时空上分离，mRNA 需经过加工及核孔运输后才能被翻译。原核细胞仅有一种由五个亚基组成的 RNA 聚合酶，其依赖 σ 因子识别启动子。真核细胞有三种 RNA 聚合酶，分别负责转录 rRNA、mRNA 前体（hnRNA）及部分 snRNA、tRNA 和 5S rRNA 等小分子 RNA。原核细胞的启动子含 TATAAT 和 TTGACA 等保守序列，由 σ 因子直接识别。真核细胞的启动子则更为复杂，包括核心启动子（如 TATA 盒、起始子 Inr）、上游调控元件（如 GC 盒、CAAT 盒），需转录因子（如 TFIID 结合 TATA 盒）协助 RNA 聚合酶定位。原核细胞无转录起始复合物，由 RNA 聚合酶全酶（含 σ 因子）直接结合启动子，而真核细胞需多种转录因子（TF）逐步组装成转录起始复合物。原核细胞的 DNA 裸露，无核小体结构，因此转录无需克服染色质屏障。真核细胞的 DNA 缠绕组蛋白形成核小体，转录需经染色质重塑，包括组蛋白修饰、核小体移位等过程。原核细胞的转录终止可依赖ρ蛋白识别终止信号并解离RNA，或者通过茎环结构终止转录。真核细胞的转录终止机制复杂，且常与mRNA加工过程偶联。原核细胞的转录调控以操纵子（如乳糖操纵子）模型为主，通过调控蛋白（阻遏/激活蛋白）直接结合DNA实现。真核细胞的转录调控更复杂，可通过增强子或沉默子进行远距离调控，或者通过DNA甲基化、组蛋白乙酰化等方式进行表观遗传调控。

（2）真核细胞的转录后加工

真核细胞和原核细胞的转录后加工存在显著差异，主要体现在mRNA、tRNA和rRNA的修饰方式以及加工的复杂程度。原核细胞的mRNA通常无需转录后加工，多数mRNA直接由DNA转录产生，无需修饰即可翻译。它具有多顺反子结构，一条mRNA可编码多个多肽链，其对应的DNA片段位于同一转录单位，共享转录起点和终点，直接指导多个蛋白质的合成。原核细胞的mRNA不含内含子，因此无需剪接，且通常不稳定，半衰期短，在几分钟或几小时内可迅速降解。真核细胞的mRNA需经过复杂加工，其初级转录产物核不均一RNA（heterogeneous nuclear RNA，hnRNA）必须经过5′端加帽、3′端加尾、内含子剪接等步骤才能成为成熟mRNA，某些mRNA的碱基还需经编辑修改。原核细胞tRNA的转录后加工需经过剪切、碱基修饰等步骤，使前体tRNA被含RNA的核酶RNase P切除5′端前导序列，被RNase D切除3′端多余序列。同时，部分碱基被甲基化、硫代化、假尿嘧啶化，某些tRNA还需在3′端添加CCA序列，以提供氨基酸结合位点。真核细胞tRNA的转录后加工包括更复杂的剪切过程，由于部分真核细胞tRNA基因含内含子，需由核酸内切酶切除内含子。真核细胞tRNA具有广泛的碱基修饰类型，包括甲基化、脱氨、硫代化等，并且所有真核细胞tRNA的3′端均需在核苷酸转移酶作用下添加CCA序列。原核细胞rRNA的转录后加工包括多顺反子转录，其16S、23S、5S rRNA由同一个前体（30S rRNA）转录，经RNase Ⅲ剪切释放。部分碱基甲基化，并直接与核糖体蛋白结合形成30S和50S亚基。真核细胞rRNA的转录后加工包括多个步骤，并在核仁内组装成40S和60S核糖体亚基。在哺乳动物中，RNA聚合酶Ⅰ转录45S rRNA前体，经剪切生成18S、5.8S、28S rRNA，而RNA聚合Ⅲ则独立转录5S rRNA。在真核细胞中，2′-O-甲基化及假尿嘧啶化修饰程度高于原核细胞。除此之外，真核细胞还存在一些特有转录后加工过程，例如参与形成剪接体的小核RNA（snRNA）需5′端加帽和3′端修剪，微小RNA （miRNA）由前体 miRNA 经 drosha 酶（核内）和 dicer 酶（胞质）酶切生成，进而调控基因表达。

原核细胞的转录与翻译偶联，具有较高效率，可快速响应环境变化。真核细胞的复杂加工过程增加了调控层次，其可变的剪接方式扩展了蛋白质组的多样性，其严格的核质时空分离模式提供了更加精细的 RNA 转运机制。

六、mRNA 的翻译

中心法则（DNA → RNA →蛋白质）的最后一步是 mRNA 的翻译，即蛋白质的生物合成。在核糖体上，翻译以 mRNA 为模板，将蕴藏在 mRNA 核苷酸序列中的遗传信息转换为蛋白质的氨基酸序列，这是基因表达的关键步骤。同一个 mRNA 通过可变翻译起始或翻译速率差异产生不同蛋白质异构体，翻译错误可导致蛋白质功能异常，进而引发各种疾病。mRNA 的翻译包括起始（initiation）、延伸（elongation）和终止（termination）三步。

1. 起始

（1）原核细胞 mRNA 的翻译起始

原核细胞中，核糖体小亚基（30S）结合 mRNA 上位于起始密码子 AUG 上游的 SD（Shine-Dalgarno）序列，再与携带甲酰甲硫氨酸（fMet）的 tRNA 及核糖体大亚基（50S）组装成 70S 核糖体。在原核细胞中，mRNA 的翻译需要起始因子（IF1、IF2 和 IF3）的参与。

（2）真核细胞 mRNA 的翻译起始

真核细胞中，核糖体小亚基（40S）结合 mRNA 的 5′端帽子结构，并扫描至第一个 AUG 起始密码子，再与携带甲硫氨酸（Met）的起始 tRNA 及核糖体大亚基（60S）组装成 80S 核糖体。在真核细胞中，mRNA 的翻译需要更多起始因子（eIFs）参与和 ATP 供能。

2. 延伸

原核细胞和真核细胞的 mRNA 翻译延伸阶段的核心步骤相似，包括进位、成肽、移位等。首先氨酰 tRNA 进入核糖体 A 位，然后肽酰转移酶催化肽键形成，最后核糖体沿 mRNA 移动一个密码子。该过程依赖 GTP 水解供能，并由 rRNA（如 23S/28S rRNA）催化肽键形成。但是，原核细胞和真核细胞 mRNA 翻译延伸过程在分子机制、参与因子和调控细节等方面存在显著差异。

（1）原核细胞的翻译延伸

延伸因子包括 EF-Tu、EF-Ts 和 EF-G，功能分别为携带氨酰 tRNA 进入 A 位、参与 EF-Tu-GDP 再生、促进移位。氨酰 tRNA 的校对机制依赖 EF-Tu 进行动力学校对，通过 GTP 水解严格验证 tRNA 与密码子的匹配性。核糖体移位速度较快，每秒约添加 20 个氨基酸。核糖体结构为 50S 大亚基，其 L7/L12 蛋白茎可促进 EF-G 结合。该延伸过程具有抗生素敏感性，例如梭链孢酸可抑制 EF-G 活性，四环素可阻断氨酰 tRNA 进位。

（2）真核细胞的翻译延伸

延伸因子包括 eEF1A、eEF1B 和 eEF2，功能分别对应原核细胞中的 EF-Tu、EF-Ts 和 EF-G。其中，eEF1A 校对机制更严格，错误率更低。受复杂调控网络限制，真核细胞核糖体移位速度较慢，每秒约添加 2～10 个氨基酸。核糖体结构为 60S 大亚基，其 P 蛋白复合体可协调 eEF2 功能。该延伸过程也具有抗生素敏感性，例如环己酰亚胺抑制 eEF2 活性，茴香霉素可阻断肽酰转移酶催化肽键形成。

3. 终止

原核细胞和真核细胞的 mRNA 翻译终止阶段的核心机制相似，均依赖 UAA、UAG、UGA 触发终止，核糖体均在终止密码子处停止延伸，新生肽链从 P 位 tRNA 上水解释放，最后均经历核糖体解离，大小亚基分离并重新参与翻译循环。但原核细胞和真核细胞的翻译终止阶段在终止因子、调控机制和后续处理上存在关键差异。

（1）原核细胞的翻译终止

原核细胞的释放因子包括 RF1、RF2 和 RF3，其中，RF1 识别 UAA/UAG，RF2 识别 UAA/UGA，RF3 为 GTP 酶，辅助 RF1/RF2 释放。翻译终止过程依赖终止密码子上下文序列。核糖体的解离与回收则通过核糖体再循环因子（ribosomal recycling factor，RRF）与 EF-G 协同进行。由于原核细胞的转录与翻译偶联，翻译终止后核糖体可立即启动新一轮翻译。该过程具有抗生素敏感性，如嘌呤霉素可模拟氨酰 tRNA，强制翻译提前终止。

（2）真核细胞的翻译终止

真核细胞的释放因子为 eRF1，它可识别所有终止密码子，包括 UAA、UAG 和 UGA。其辅助因子 eRF3 为 GTP 酶，可增强 eRF1 活性。真核细胞具有比原核细胞更高效的终止效率，因为 eRF1 无需区分终止密码子类型。真核细胞利用 ABC 型 ATP 酶驱动核糖体解离，其翻译终止耗能比原核细胞更高。翻译终止后的 mRNA 可能因终止密码子位置异常触发无义介导的衰变，从而清除错误转录产物。某些病毒靶向翻译终止阶段，如脊髓灰质炎病毒蛋白酶切割 eRF3，抑制宿主翻译，从而达到优先合成病毒自身蛋白的目的。

生命是大自然最奇妙的杰作。它以 DNA 碱基序列为源代码，通过一系列动态交织的生物化学过程持续驱动生命活动。在此基础之上，超越 DNA 序列本身的表观遗传密码、蛋白质折叠密码、细胞信号网络通信密码、神经网络与意识密码及生态系统密码，赋予生命更精细的多层次时空色彩，让生命个体自身、个体之间及个体与环境共同构建生命的奇迹，跨维度演奏出宏大震撼的生命交响曲。

七、《生命的密码》钢琴曲五线谱

生命的密码
The Code of Life

作曲：熊岳涛 钟鸿英

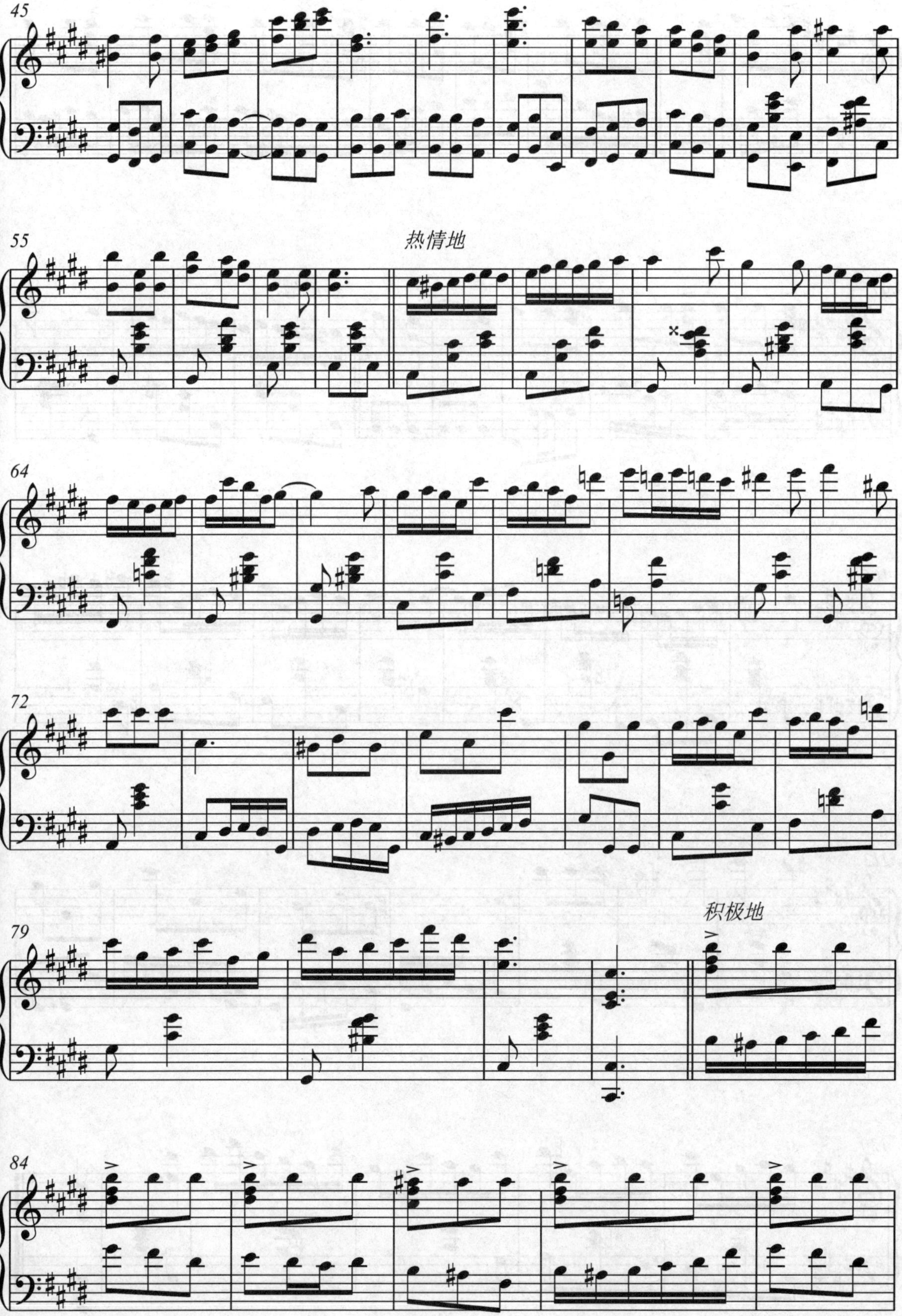
45
55
热情地
64
72
79
积极地
84

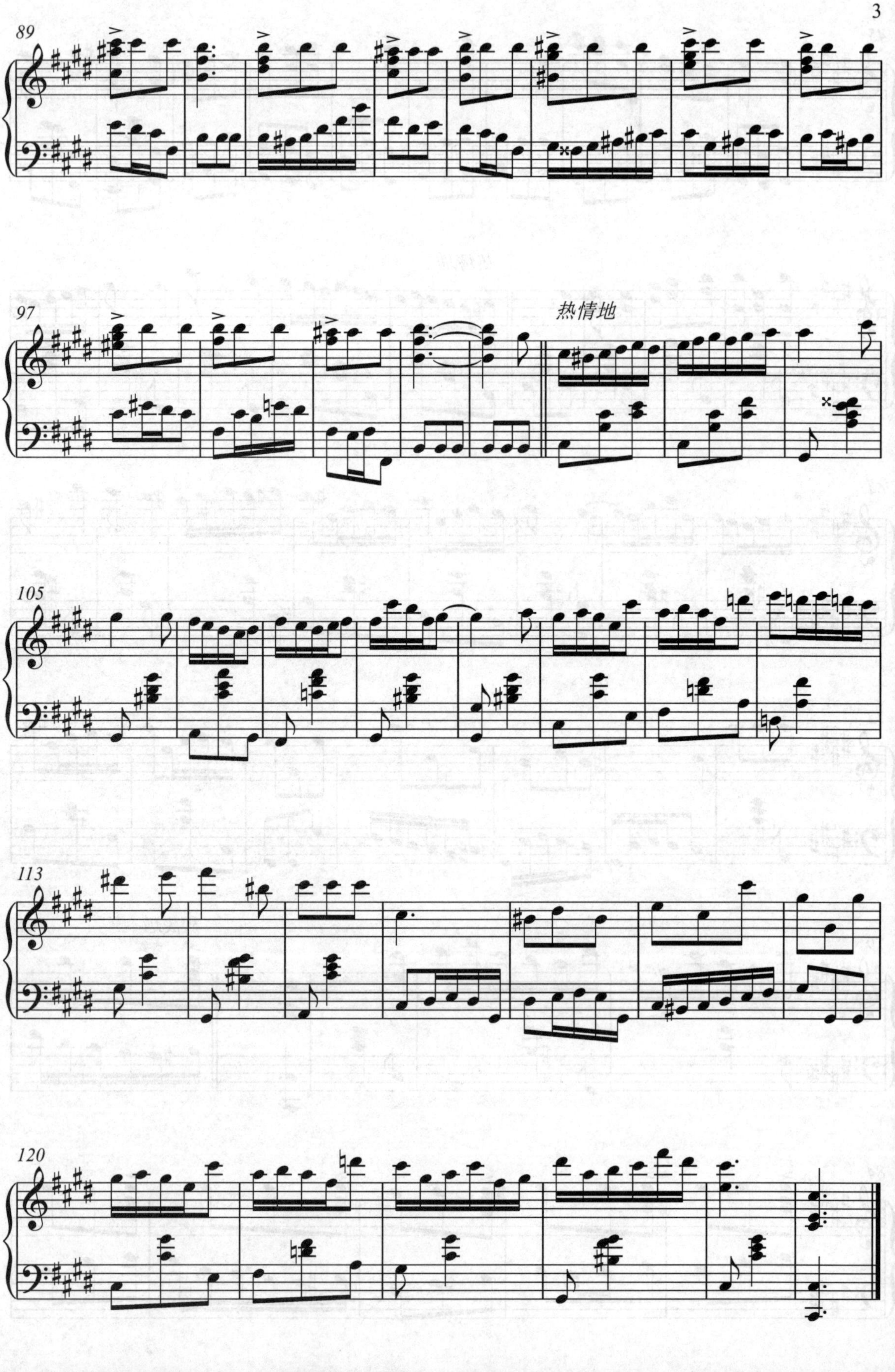
3
89
97
热情地
105
113
120

八、《生命的密码》作品赏析

《生命的密码》全曲以 DNA 双螺旋结构及其承载的遗传信息为主题，表达人类对生命本质的探索。作品主调采用升 c 小调，以回旋曲式为基本结构，由一个主部与多个插部构成，以此勾画 DNA 双螺旋结构的旋律形象。此外，还加入了大量和弦外音对旋律进行修饰，旨在表现超越 DNA 序列本身的表观遗传密码、蛋白质折叠密码、细胞信号网络通信密码、神经网络与意识密码，以及生态系统密码，它们赋予生命多层次时空色彩，持续并精细地驱动生命活动。这首曲子采用了偏向舞曲的八三拍（3/8拍），这是一种以八分音符为一拍、每小节三拍的复拍子，其艺术效果融合了舞蹈性和流动性，以表现生命的活力和美好。其"强 - 弱 - 弱"节拍本质是华尔兹的微型化，使其律动携带旋转的"华尔兹基因"。

（一）主部

第 1 ～ 24 小节为全曲主部（见钢琴曲五线谱第 1 页第 1 ～ 4 行），主要表现 DNA 双螺旋结构。在回旋曲式中，主部为多次再现结构。按照其段落结构特点，回旋曲式一般具有 ABACA 段落形态。这部分为模仿 DNA 双螺旋结构，采用环绕上升型旋律。旋律从升 G 音开始，一直上行至相差八度的升 C 音，中间采用升 C、升 B、升 C 等辅助音，并结合 E、升 F、升 G 等经过音，共同构成了不断环绕上升的旋律行进方式。指尖轻触的经过音与手腕压键的辅助音交替，恰如奔跑与驻足、前进与停滞，在螺旋的楼梯上循环往复。到第 4 小节，旋律小幅度回落，第 1 小节的节奏与第 3 小节的节奏结合，形成第 5 小节的四十六加八分音符的节奏形式，即十六分音符四连音加八分音符。十六分音符四连音犹如火箭加速，而后接八分音符的短暂停滞，就像冲刺后的惯性滑行，再次渲染螺旋中的前行与曲折。第 12 ～ 14 小节，和声采用了 K46（又称为终止四六和弦）、属七和弦和六级和弦来阻碍终止，以 VI 级和弦突然替代主和弦，制造意外效果，就像随时可能发生的 DNA 损伤与修复。由于其不对音乐作收拢结尾，能更好与后续结构相衔接。第 15 小节处将主要旋律交给左手，右手配合左手演奏具有对位性质的旋律，进行左手与右手交织。至第 19 小节，主旋律再次交由右手演奏，在第 24 小节收拢终止于升 c 小调主和弦。这种反复左右手交替，犹如反向平行的 DNA

双链（5′ → 3′ 与 3′ → 5′）。

（二）第一插部

第 25 小节至第 58 小节为全曲的第一插部（见钢琴曲五线谱第 1 页第 4 行～第 2 页第 2 行），表现 DNA 的转录和转录后加工。在第 25 小节，采用双手齐奏的链条式旋律，通过双手协作将离散的音符转化为具有方向性的整体线条，以表现 DNA 双链的方向性。调性转为升 c 小调的平行 E 大调，当到达小字三组 E 音（比中央 C 高两个八度再加一个大三度的音）之后，旋律开始下行，使整体旋律形成大山状形态，就像 DNA 转录所经历的起始、延伸和终止的三个阶段。在第 37 小节处，使用了重属和弦，这是主调中属和弦的属和弦，即"属的属"，它需升高三音以形成大三和弦，以此塑造三种主要转录产物，即 mRNA、tRNA 和 rRNA 及其即将面临的转录后加工。左手织体旨在支撑上方旋律，在进行中采用旋律化级进方式对主旋律进行补充。比如，第 31 小节和 32 小节 B 音中加入了辅助音升 C 作为旋律化装饰音，而在第 32 小节至第 33 小节的 B 音与 G 音之间，以经过音方式加入 A 音。这些辅助音和经过音，犹如转录后加工过程中核苷酸序列的增减，或者特定核苷酸的化学修饰，使转录产物发生结构变化并赋予其特定功能。

（三）主部第一次再现

第 59 ～ 82 小节为主部第一次再现（见钢琴曲五线谱第 2 页第 2 ～ 5 行），反复渲染 DNA 双螺旋结构。

（四）第二插部

第 83 小节至第 101 小节为全曲的第二插部（见钢琴曲五线谱第 2 页第 5 行～第 3 页第 2 行），表现 mRNA 翻译，也就是蛋白质的生物合成。从第 83 小节开始，主部中的主题旋律转移到左手，形成旋律的变奏形式并继续发展。而右手则采用较稳定的等分节奏形态，在高音与低音区域与前面部分形成呼应与补充，就像复制过程中启动子和终止子的识别。

（五）主部第二次再现

第 102～125 小节为主部第二次再现（见钢琴曲五线谱第 3 页第 2～5 行），回顾 DNA 双螺旋结构及通过中心法则（DNA → RNA →蛋白质）传递的遗传信息。从第 102 小节开始，回旋主题作最后一次回旋再现，与主部首尾呼应，从时间结构、旋律形态以及左右手交织三个方面共同构建 DNA 螺旋交织的音乐形象。

第六章

Functional
Proteins

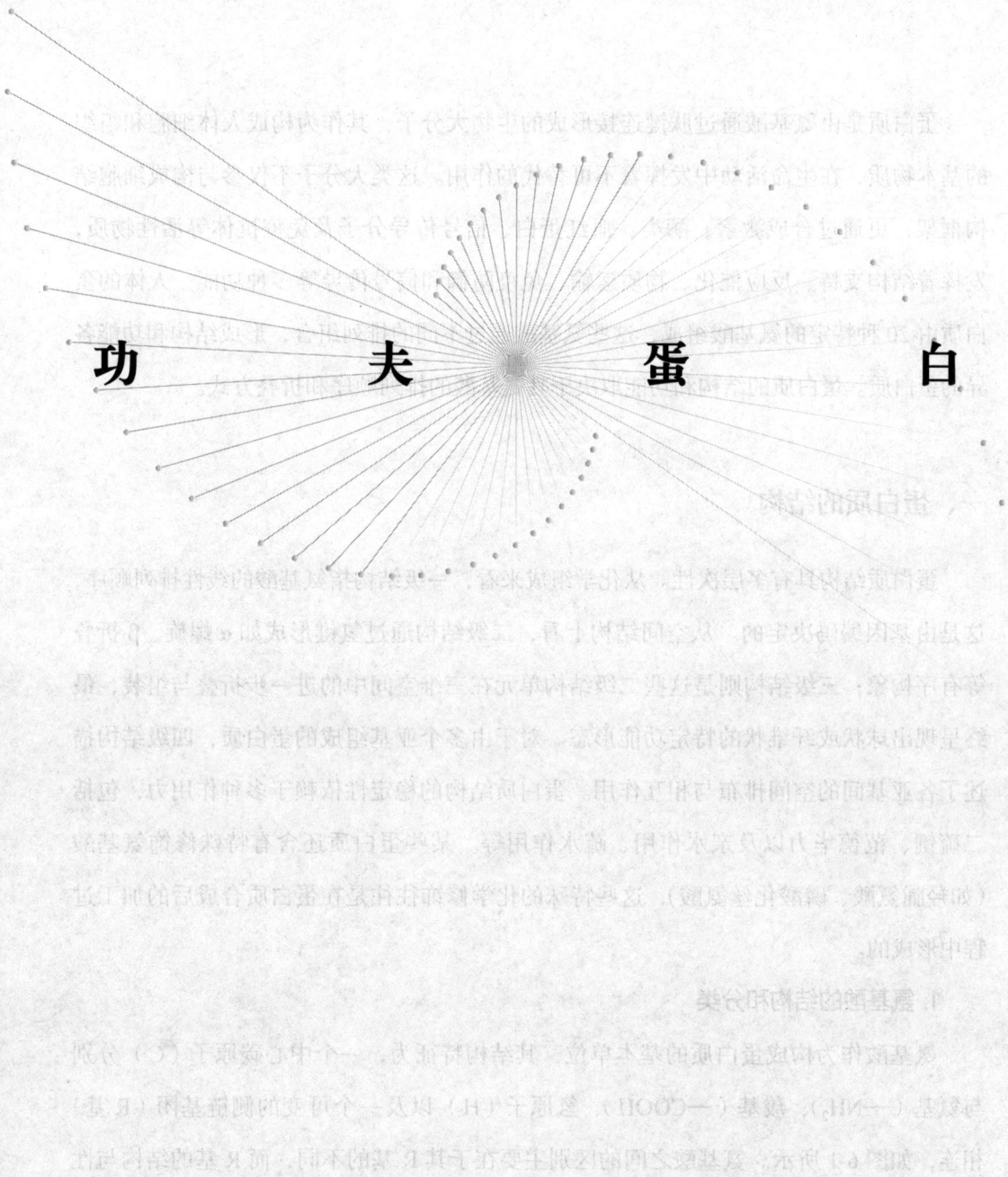

功　夫　蛋　白

蛋白质是由氨基酸通过肽键连接形成的生物大分子，其作为构成人体细胞和组织的基本物质，在生命活动中发挥着不可替代的作用。这类大分子不仅参与构成细胞结构框架，更通过合成激素、酶类、血红蛋白、信号传导分子及免疫抗体等活性物质，发挥着结构支持、反应催化、物质运输、免疫防御和信号传导等多种功能。人体的蛋白质由 20 种特定的氨基酸组成，这些氨基酸通过不同的排列组合，形成结构和功能各异的蛋白质。蛋白质的结构和功能取决于其氨基酸的排列顺序和折叠方式。

一、蛋白质的结构

蛋白质结构具有多层次性。从化学组成来看，一级结构指氨基酸的线性排列顺序，这是由基因编码决定的。从空间结构上看，二级结构通过氢键形成如 α 螺旋、β 折叠等有序构象；三级结构则是这些二级结构单元在三维空间中的进一步折叠与组装，最终呈现出球状或纤维状的特定功能形态。对于由多个亚基组成的蛋白质，四级结构描述了各亚基间的空间排布与相互作用。蛋白质结构的稳定性依赖于多种作用力，包括二硫键、范德华力以及亲水作用、疏水作用等。某些蛋白质还含有特殊修饰氨基酸（如羟脯氨酸、磷酸化丝氨酸），这些特殊的化学修饰往往是在蛋白质合成后的加工过程中形成的。

1. 氨基酸的结构和分类

氨基酸作为构成蛋白质的基本单位，其结构特征为，一个中心碳原子（C）分别与氨基（$-NH_2$）、羧基（$-COOH$）、氢原子（H）以及一个可变的侧链基团（R 基）相连，如图 6-1 所示。氨基酸之间的区别主要在于其 R 基的不同，而 R 基的结构与性质正是决定氨基酸特性的关键因素。

　　自然界中存在数百种氨基酸，但其中只有约 20 种氨基酸构成人体中几乎所有的蛋白质。其中，组氨酸、异亮氨酸、亮氨酸、赖氨酸、甲硫氨酸、苯丙氨酸、苏氨酸、色氨酸和缬氨酸这九种氨基酸是人体必需氨基酸，即人体无法自行合成，必须通过食物摄取。依据侧链 R 基的性质，20 种常见天然氨基酸的分类见表 6-1。

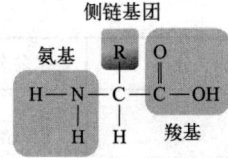
图 6-1　氨基酸的结构通式

表 6-1　20 种常见天然氨基酸分类表

分类	氨基酸名称	缩写	R 基结构	特性 / 备注
非极性氨基酸：R 基一般为烃链或芳香环，无极性基团，不易溶于水	甘氨酸	Gly	—H	唯一无手性氨基酸，侧链最小
	丙氨酸	Ala	—CH$_3$	含侧链的氨基酸中结构最简单
	缬氨酸	Val	—CH(CH$_3$)$_2$	参与疏水作用，为必需氨基酸
	亮氨酸	Leu	—CH$_2$CH(CH$_3$)$_2$	支链氨基酸，为必需氨基酸
	异亮氨酸	Ile	—CH(CH$_3$)CH$_2$CH$_3$	支链氨基酸，必需氨基酸
	苯丙氨酸	Phe	—C$_6$H$_5$	芳香族，必需氨基酸
	脯氨酸	Pro	环状结构（亚氨基）	亚氨基酸，易形成转角，限制肽链灵活性
	甲硫氨酸（蛋氨酸）	Met	—CH$_2$CH$_2$SCH$_3$	含硫，起始密码子对应 AUG，为必需氨基酸
	色氨酸	Trp	—CH$_2$C$_8$H$_6$N	芳香族，促进胃液及胰液的产生，为必需氨基酸
中性极性氨基酸：R 基含羟基、巯基或酰胺基等极性基团，具有亲水性	丝氨酸	Ser	—CH$_2$OH	含羟基，磷酸化修饰位点
	苏氨酸	Thr	—CH(OH)CH$_3$	含羟基，磷酸化修饰位点，为必需氨基酸
	半胱氨酸	Cys	—CH$_2$SH	含巯基（—SH），可形成二硫键（—S—S—）
	天冬酰胺	Asn	—CH$_2$CONH$_2$	含酰胺基，参与糖基化
	谷氨酰胺	Gln	—CH$_2$CH$_2$CONH$_2$	含酰胺基，氮代谢核心角色
	酪氨酸	Tyr	—CH$_2$C$_6$H$_4$OH	芳香族
酸性氨基酸（带负电荷）：R 基含羧基（—COOH），呈酸性	天冬氨酸	Asp	—CH$_2$COOH	R 基含羧基，pH 7 时带负电
	谷氨酸	Glu	—CH$_2$CH$_2$COOH	R 基含羧基，pH 7 时带负电，是一种神经递质

分类	氨基酸名称	缩写	R 基结构	特性 / 备注
碱性氨基酸（带正电荷）：R 基含氨基、胍基或咪唑基，呈碱性	赖氨酸	Lys	$-CH_2CH_2CH_2CH_2NH_2$	R 基含氨基，pH 7 时带正电，为必需氨基酸
	精氨酸	Arg	$-CH_2CH_2CH_2NHC(=NH)NH_2$	含胍基（强碱性），是尿素循环关键
	组氨酸	His	$-CH_2C_3H_3N_2$	含咪唑基，是酶活性中心的常见残基，参与催化，为必需氨基酸

氨基酸通过脱水缩合反应以肽键（—CO—NH—）相互连接，形成寡肽（少于 10 个氨基酸）或多肽链（氨基酸数 ≥ 10）。当多肽链的分子质量超过 10000Da（大约包含 100 个以上氨基酸）时，便被称为蛋白质。氨基酸的结构多样性，尤其是侧链（R 基）的多样性，是蛋白质功能复杂性的直接决定因素。氨基酸的序列和结构决定了蛋白质的物理化学特性，如溶解性、稳定性和电荷分布，这些特性进而影响蛋白质在细胞内的定位及相互作用，最终决定其在生物体内的功能。

2. 蛋白质的结构层次

弗雷德里克·桑格（Frederick Sanger）首次确定了牛胰岛素的完整氨基酸序列，于 1955 年绘制出精确的胰岛素分子结构图，并因此荣获 1958 年诺贝尔化学奖。这一里程碑式的成就为人工合成胰岛素奠定了基础，并极大地推动了蛋白质分子结构研究，开创了蛋白质测序的先河。

（1）蛋白质的一级结构

蛋白质的一级结构是指蛋白质分子中氨基酸的排列顺序。一级结构作为蛋白质的基础框架，对其二级、三级乃至四级结构的形成起着决定性作用。蛋白质的一级结构中氨基酸主要通过肽键连接，除此之外，肽链内部还可能存在二硫键。即使是一个氨基酸的微小变化，也可能对蛋白质的性质和生物活性造成显著影响。

肽键的形成是构建蛋白质一级结构的关键步骤，通过氨基酸分子间的脱水缩合反应实现，即一个氨基酸的羧基（—COOH）与另一个氨基酸的氨基（—NH₂）发生反应，脱去一分子水形成肽键（—CO—NH—）。这一过程是多肽链形成的基础，肽键的特性使连接的氨基酸残基排列成特定的顺序，从而构建出蛋白质的一级结构。多个氨基酸分子依次连接，形成多肽链，如图 6-2 所示。

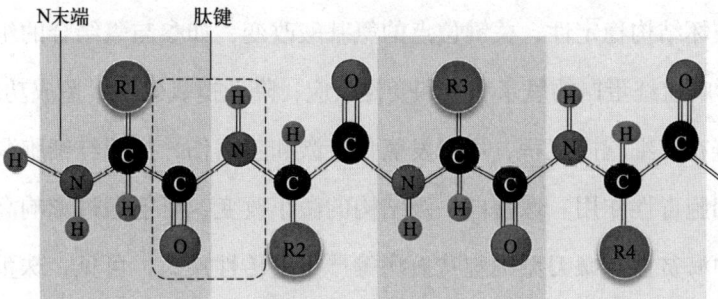

图 6-2 多肽链结构

氨基酸 1[H₂N-CH（R1）-COOH] 的羧基（—COOH）失去一个羟基（—OH），
氨基酸 2[H₂N-CH（R2）-COOH] 的氨基（—NH₂）失去一个氢（—H），
生成产物 H₂N-CH（R1）-CO-NH-CH（R2）-COOH 和 H₂O，依次类推

珠蛋白是血红蛋白的重要组成部分，人类珠蛋白家族包括 α 珠蛋白、β 珠蛋白等类型，其一级结构的精确性直接决定了血红蛋白的功能。以地中海贫血为例，这是一种由珠蛋白基因缺陷导致的遗传性溶血性疾病，其核心机制与珠蛋白链的合成异常密切相关。α 地中海贫血主要由 α 珠蛋白基因缺失或突变引起，导致 α 珠蛋白链合成减少或缺失。α 珠蛋白链的氨基酸序列中关键位点（如与血红素结合的结构域）发生突变，可能影响血红蛋白的稳定性和携氧能力，引发红细胞破坏和贫血。β 地中海贫血多由 β 珠蛋白基因点突变引起，导致 β 珠蛋白链合成障碍。典型例子是 β 珠蛋白链第 6 位谷氨酸被缬氨酸取代（与镰刀型细胞贫血病突变位点相同），这种一级结构的改变会使血红蛋白分子间异常聚集，形成不稳定的血红蛋白变体，最终导致红细胞变形、破裂，如图 6-3 所示。

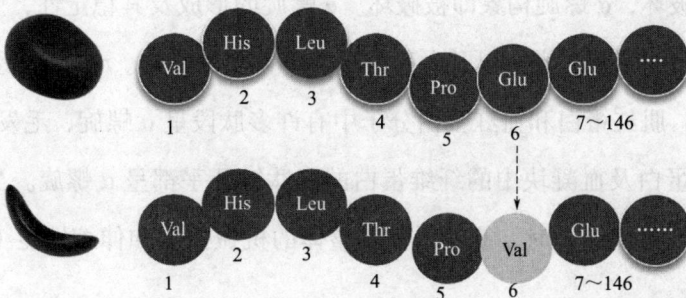

图 6-3 血红蛋白氨基酸序列

谷氨酸（Glu）突变为缬氨酸（Val）导致其空间结构和性质改变，使红细胞从球形变为镰刀形

珠蛋白的一级结构变化会通过多种途径引发严重后果：氨基酸突变可能导致珠蛋白链折叠异常，使其无法与其他亚基正确组装成四聚体血红蛋白，或形成易被降解的异常蛋白，破坏结构稳定性；关键位点的氨基酸改变，如参与氧结合的组氨酸残基突变，会直接影响血红蛋白的氧亲和力和变构效应，降低携氧效率，造成功能活性受损；异常珠蛋白链在红细胞内沉积，可引发氧化应激和膜损伤，加速红细胞凋亡或被脾脏清除，产生细胞毒性作用。珠蛋白一级结构的微小改变，可能通过影响高级结构和功能，导致地中海贫血和镰刀型细胞贫血病等严重遗传性疾病，可见，珠蛋白一级结构与人体健康直接相关，深入研究珠蛋白基因和蛋白质结构对相关疾病诊断、基因编辑治疗具有重要意义。

（2）蛋白质的二级结构

蛋白质的二级结构通常是指多肽链沿主链骨架方向的空间走向、规则性循环式排列，或某一段肽链的局部空间结构，即蛋白质的二级结构为肽链主链或一段肽链主链骨架原子的相对空间盘绕、折叠状态，不涉及氨基酸残基侧链的构象。蛋白质的二级结构的基本类型有 α 螺旋、β 折叠、β 转角和无规卷曲。

在蛋白质分子中，多个肽平面通过氨基酸 α-碳原子的旋转，使多肽主链各原子沿中心轴向右盘曲，形成稳定的 α 螺旋（α helix）构象。α 螺旋具有下列特征：多肽链以肽单元为基本单位，以 Cα 为旋转点形成右手螺旋，氨基酸残基的侧链基团伸向螺旋的外侧。每 3.6 个氨基酸残基旋转一周，螺距为 0.54nm，每个氨基酸残基沿螺旋轴上升的高度为 0.15nm，肽键平面与螺旋中心轴平行。氢键是维持 α 螺旋稳定的主要次级键。相邻的螺旋结构间会形成链内氢键，具体而言，每个肽单位 N 端的氢原子会与第四个肽单位羰基上的氧原子形成氢键，且这些氢键与螺旋中心轴保持平行。若氢键被破坏，α 螺旋构象即被破坏。α 螺旋的形成及其稳定性，受肽链中氨基酸残基侧链基团的形状、大小以及电荷分布等多种因素影响。α 螺旋是蛋白质二级结构的主要形式，肌红蛋白和血红蛋白分子中有许多肽段呈 α 螺旋，毛发中的角蛋白、肌肉中的肌球蛋白及血凝块中的纤维蛋白的多肽链几乎都呈 α 螺旋。当多条 α 螺旋状的多肽链相互紧密缠绕时，能够增强其整体的机械强度和伸缩性能（即弹性），如图 6-4 所示。

β 折叠结构由两条或多条近乎伸展的肽链（或同一肽链的不同区段）平行有序排

列形成，如图 6-5 所示。相邻肽链间通过氢键连接。该氢键形成于一条肽链的羰基（C＝O）与另一条肽链的氨基（N—H）之间，且氢键方向几乎与肽链走向垂直。β 折叠具有以下特征：肽链呈伸展的锯齿状折叠，肽单元间夹角约为 110º，氨基酸残基的 R 基侧链分别位于片层的上下两侧；两条及以上肽链（或同一条多肽链的不同部分）平行排列，相邻肽链的肽键相互交替形成大量氢键，这些氢键是维持该结构稳定的主要次级键。肽链的平行走向存在顺式与反式两种构型：当多肽链 N 端位于同侧时为顺式构型，位于不同侧时则为反式构型；在平行折叠中，反式构型通常比顺式构型更稳定。参与形成 β 折叠的氨基酸残基通常体积较小且不携带相同电荷，此特性有利于多肽链的伸展。例如，甘氨酸和丙氨酸在 β 折叠结构中出现频率较高。β 折叠常见于蛋白质二级结构中，蚕丝蛋白几乎全由 β 折叠结构组成，部分球状蛋白中也含有 β 折叠。

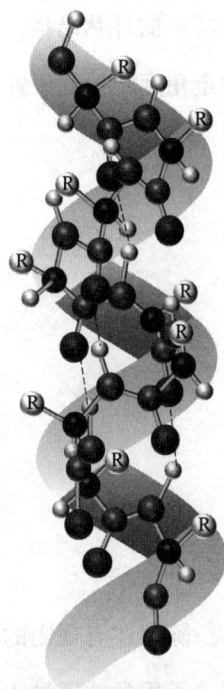

图 6-4　蛋白质二级结构——α 螺旋

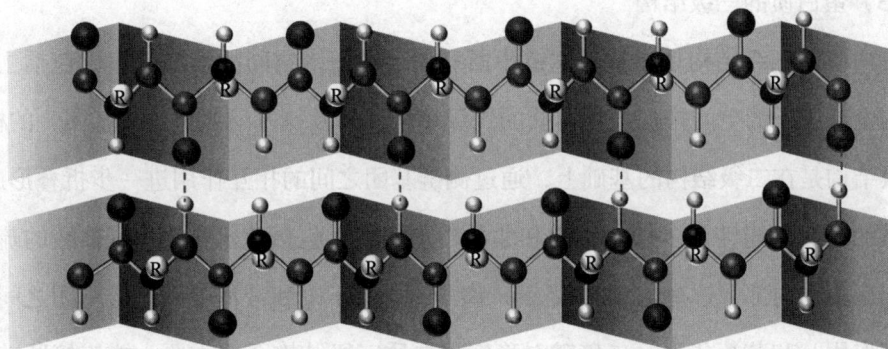

图 6-5　蛋白质二级结构——β 折叠

　　β 转角通常由 4 个连续的氨基酸残基组成，第一个氨基酸残基的羰基（C＝O）与第四个氨基酸残基的氨基（N—H）之间形成氢键，使肽链急剧扭转。其一般位于蛋白质表面，能够改变肽链方向。在 β 转角中，甘氨酸（Gly）和脯氨酸（Pro）比较常见，因为甘氨酸侧链为氢原子，空间位阻最小，能够为转角的形成提供便利；而脯氨酸具有特殊的环状结构，可使肽链产生刚性的弯曲，有助于 β 转角的形成，尤其是在需要固定角度转折的位置，如图 6-6 所示。

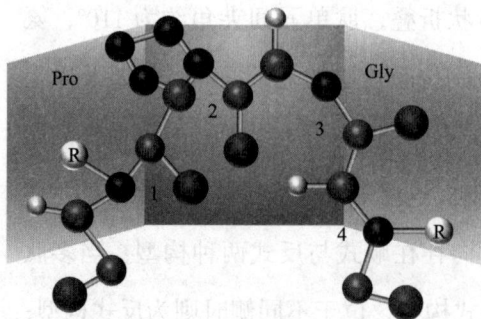

图 6-6 蛋白质二级结构——β 转角

除上述有规则的构象外，多肽链中肽平面的一些呈无规则排列的构象称为无规卷曲。无规卷曲通过主链间的氢键或主链与侧链间的氢键稳定其构象，是蛋白质结构中的基本组成部分。无规卷曲的柔性特点使肽链能够灵活调整其路径，进而有助于与结构刚性相对更大的 α 螺旋和 β 折叠进行连接，在蛋白质肽链的卷曲与折叠机制中扮演着关键角色。

（3）蛋白质的三级结构

蛋白质的三级结构是指整条肽链中所有原子在三维空间的整体排布，包括主链和侧链的全部原子的空间排列。蛋白质的二级结构不涉及氨基酸侧链（R 基团）的构象，而三级结构是在二级结构的基础上，通过侧链基团之间的相互作用进一步折叠形成的。蛋白质的三级结构涉及多种化学键和非共价作用力，包括疏水作用（氨基酸的疏水侧链基团聚集在内部，远离水相）、氢键、离子键（带正电和带负电的侧链基团之间的静电相互作用）和范德华力。二硫键对稳定蛋白质三级结构至关重要，能连接肽链的不同区域。

（4）蛋白质的四级结构

蛋白质的四级结构是由具有三级结构的多肽链（称为亚基）通过非共价键连接形成的结构形式。亚基的空间排布和亚基之间的相互作用共同决定了蛋白质分子的四级结构。四级结构是蛋白质功能发挥的关键。拥有四级结构的蛋白质，其部分亚基单独存在时仍可能具备一定的生物活性。但唯有当这些亚基按照特定方式结合，构成完整的四级结构，蛋白质才能充分发挥其功能。例如，血红蛋白是一种四聚体蛋白质，由四个亚基组成（两个 α 亚基和两个 β 亚基），每个亚基都包含一个血红素分子。血红素分子中心是一个铁原子，它可以与氧气分子结合，实现氧的运输。每个亚基还包含一条多肽链，多肽链的氨基酸序列决定了血红蛋白的构象和功能。血红蛋白的主要功能是运输氧气。在肺部，血红蛋白与氧气结合，形成氧合血红蛋白，将氧气从肺部运输到身体各部位；在组织中，血红蛋白释放氧气供组织利用。此外，血红蛋白还可以运输二氧化碳，将 CO_2 从组织中运输到肺部，完成呼吸循环。

3. 蛋白质折叠

20 世纪 60 年代，美国科学家安芬森（Christian Anfinsen）完成了一项里程碑式的实验：通过尿素和 β- 巯基乙醇破坏核糖核酸酶 A 的二硫键与非共价相互作用，使其生物活性完全丧失。当移除变性试剂后，该酶自发重构三维结构并恢复催化功能。这一现象首次证实蛋白质的氨基酸序列决定其空间构象，安芬森因此荣获 1972 年诺贝尔化学奖。尽管折叠过程涉及复杂的分子间作用力与能量变化，但其根本驱动力始终源于多肽链的一级结构。由此引出的核心科学问题——如何根据氨基酸序列预测蛋白质的三维折叠构型——发展为著名的"蛋白质折叠问题"，成为分子生物学中心法则中尚未完全破解的关键挑战，更被列为 21 世纪生物物理学的重大课题。实现从氨基酸序列到三级结构的精准预测，并据此推断生物学功能，至今仍是极具前沿性的研究目标。

蛋白质的功能取决于其正确的折叠构象。当折叠过程发生异常时，蛋白质将丧失正常生理功能，进而诱发疾病。阿尔茨海默病中 β 淀粉样蛋白的聚集、帕金森病中 α- 突触核蛋白的纤维化，均为蛋白质错误折叠致病的典型例证。在药物研发领域，设计具有特定功能的工程化蛋白质（如靶向治疗抗体），更需深入理解蛋白质折叠规律与构效关系。

随着核磁共振（NMR）技术与冷冻电子显微术（Cryo-EM）等技术的突破，蛋白质结构解析效率显著提升。尽管 X 射线衍射、NMR 及圆二色谱（CD spectrum）等技术能提供高精度结构信息，但其应用受限于高昂的成本与较长的时间消耗（如单次 X 射线衍射实验需数月时间及十万美元级投入）。发展高效的计算预测算法成为突破该瓶颈的关键路径。在此背景下，DeepMind 开发的 AlphaFold 基于深度神经网络架构，实现了蛋白质三维结构的精准预测。该系统在国际蛋白质结构预测竞赛（CASP）中展现的预测精度可与实验方法媲美，成功解决了困扰学术界数十年的科学难题。此项突破不仅加速了基础研究进程，更为新药研发与疾病治疗提供了全新范式。

AlphaFold 的成功彰显了人工智能在生物信息学领域的变革性潜力，同时也推动了传统实验方法学的革新。在其技术启发下，研究者正拓展深度学习在基因变异致病机制解析、疾病相关基因高效筛选等方面的应用，为精准医疗提供新工具。鉴于计算蛋白质设计领域的突破性贡献，David Baker、Demis Hassabis 与 John M. Jumper 三位科学家被授予 2024 年诺贝尔化学奖。

二、蛋白质的功能

蛋白质是由氨基酸通过肽键连接而成的长链分子，这些长链分子会折叠成特定的三维结构，从而赋予蛋白质独特的形态。这种形态，也被称为蛋白质的构象，是蛋白质执行其生物学功能的基础。蛋白质的构象与其功能紧密相关，不同的构象决定了蛋白质的不同功能。根据分子外形，蛋白质可分为球状蛋白质、纤维状蛋白质和膜蛋白质三类。

1. 球状蛋白质的功能

球状蛋白质分子形状接近球形，水溶性较好，种类繁多，可行使多种多样的生物学功能。例如，淀粉酶、蛋白酶等，其分子形状近似球形或椭圆形，具有特定的活性中心，能够与底物特异性结合，降低化学反应的活化能，加速反应进行，如唾液淀粉酶可以将淀粉分解为麦芽糖。再如，抗体是一种免疫球蛋白，其形状呈 Y 形，具有两个相同的抗原结合位点，能够特异性地识别和结合病原体表面的抗原，从而标记病原体，使其被免疫系统中的其他细胞识别和清除，发挥免疫防御作用。又如，胰岛素是一种小而稳定的球状蛋白质，在血液中流动时能保持其形状，能够与细胞表面的胰岛素受体结合，调节细胞对葡萄糖的摄取和利用，从而维持血糖水平的稳定。

2. 纤维状蛋白质的功能

纤维状蛋白质分子外形呈棒状或纤维状，大多数不溶于水，是生物体重要的结构成分，或对生物体起保护作用。例如，胶原蛋白可形成稳定的三螺旋结构，由三条多肽链相互缠绕而成，分子量大，为结构蛋白。胶原分子可以形成细长的原纤维，这些原纤维聚集形成胶原纤维，广泛存在于皮肤、肌腱、韧带、骨骼等组织中，为这些组织提供强度和韧性，起到支撑和保护的作用。角蛋白由处于螺旋或折叠构象的平行的多肽链组成，不溶于水，具有较高的强度和韧性，主要存在于毛发、指甲、鳞羽、角蹄等组织中，起到保护和支撑的作用。肌球蛋白是一种可溶性纤维蛋白，存在于肌肉细胞中，它与肌动蛋白相互作用，参与肌肉的收缩过程。肌球蛋白具有 ATP 酶活性，能够利用 ATP 的能量，使肌动蛋白发生滑动，从而导致肌肉纤维收缩。

3. 膜蛋白的功能

膜蛋白通常折叠形成特定的三维构象，以近球形结构域插入生物膜脂质双分子层或锚定于膜表面。根据定位方式，膜蛋白可分为两类：整合膜蛋白，通过疏水性跨膜区段嵌入脂质双分子层的疏水内核；周边膜蛋白，通过非共价相互作用（如静电作用或氢键）或共价修饰（如糖基磷脂酰肌醇锚定）结合于膜表面。其结构特征表现为，跨膜区主要由疏水性氨基酸构成 α 螺旋或 β 折叠，而亲水结构域则可折叠为近球形，暴露于胞质或胞外环境。

膜蛋白在生物膜的功能体系中发挥核心作用：通道蛋白形成亲水性孔道，允许特定离子（如 Na^+、K^+、Ca^{2+}）沿电化学梯度被动扩散；载体蛋白通过构象变化介导葡萄糖、氨基酸等极性分子的主动转运或易化扩散；受体蛋白（如 G 蛋白偶联受体）特异性识别细胞外信号分子（激素、神经递质等），触发胞内第二信使级联反应；受体酪氨酸激酶通过胞外配体结合激活胞内结构域的酶活性；膜结合酶（如腺苷酸环化酶）在膜界面催化特异性生化反应；电子传递链复合体在线粒体内膜上介导氧化磷酸化；整合素家族介导细胞与细胞外基质的粘附；钙黏着蛋白参与形成细胞间的紧密连接与黏着连接；血影蛋白锚定于红细胞膜内侧，维持细胞形态与机械稳定性；带 3 蛋白构成红细胞膜骨架网络节点。这些功能的实现依赖于膜蛋白精确的空间构象和动态变构特性，其功能障碍常导致囊性纤维化、遗传性离子通道病等重大疾病。

三、蛋白质的理化性质和分离纯化

物理性质方面，蛋白质分子质量广泛分布于 $10^4 \sim 10^6$Da 范围内，分子尺寸在 1 ~ 100nm 之间，属于胶体颗粒。这种特殊尺度使其表现出典型的胶体特性：在强光照射下会产生明显的丁达尔现象，在超显微镜下可观察到持续不断的布朗运动，在电场中则会发生电泳现象。蛋白质溶液的黏度随着浓度的增加而显著增加，通常超过一定浓度就会形成凝胶。多肽即使在高浓度下也能保持溶解状态。研究表明，蛋白质的形状对溶液的黏度起着决定性作用，例如，纤维状蛋白质（如胶原蛋白）的黏度普遍高于球状蛋白质（如血红蛋白）。此外，蛋白质还具有独特的紫外吸收特性，其分子结构中的色氨酸、酪氨酸等芳香族氨基酸，因含有苯环共轭双键系统，故在 280nm 波长的紫外光下展现出最大吸收峰。基于此，紫外分光光度法可广泛应用于蛋白质含量的测定。荧光猝灭实验可以用于研究蛋白质构象的变化，如聚集诱导荧光猝灭现象。分子模拟可用于探究特定小分子与蛋白质相互作用导致的荧光强度变化。

化学性质方面，蛋白质分子中的氨基和羧基具有酸碱两性。蛋白质在等电点时溶解度最小，可与茚三酮反应生成蓝紫色化合物，这一特性可用于氨基酸和蛋白质的定性和定量分析。在高温、强酸、强碱、重金属盐等物理或化学因素的作用下，蛋白质的空间结构会遭受破坏，进而引发其理化性质的改变和生物学活性的丧失，这一过程称为蛋白质变性。变性后的蛋白质溶解度通常会降低，易发生沉淀。若蛋白质变性程度较轻，去除变性因素后，蛋白质可恢复或部分恢复其原有的构象和功能，这一现象称为复性。

蛋白质分离通常利用其特殊的理化性质，采用盐析、透析、电泳、色谱及超速离心等不损伤蛋白质空间构象的物理方法，以满足研究蛋白质结构与功能的需求。其中，盐析用于蛋白质浓缩及分离；透析和超滤法用于去除蛋白质溶液中的小分子化合物；电泳是分离蛋白质的常用方法；色谱是分离和纯化蛋白质的重要手段；利用蛋白质颗粒沉降行为的差异可通过超速离心进行分离；利用化学方法可分析蛋白质的一级结构；利用物理学或生物信息方法可测定或预测蛋白质的空间结构。

四、蛋白质翻译后修饰

人类基因组中约 20000 个基因负责编码蛋白质。遗传信息首先从 DNA 传递至信使核糖核酸（mRNA），随后 mRNA 经翻译合成蛋白质。在此过程中，外显子可通过选择性剪接形成不同类型的 mRNA，该机制使单个基因能够产生多种 mRNA 变体，从而增加蛋白质多样性。此外，相同基因有时利用不同启动子进行转录，也会生成不同 mRNA 分子，进一步扩展蛋白质多样性。因此，单个基因可编码多种 mRNA，而每种 mRNA 翻译生成的蛋白质又能通过翻译后修饰（如磷酸化或乙酰化）产生多种功能性蛋白质。这些修饰可改变蛋白质的活性、稳定性与功能，使单一 mRNA 具有产生多种功能性蛋白质的潜力。从基因到 mRNA，最终形成具有特定功能的成熟蛋白质的过程中，蛋白质合成后的化学修饰称为翻译后修饰（post-translational modifications，PTMs）。翻译后修饰是调控细胞内蛋白质功能的关键机制，按作用机制与化学本质可分为四大类别：主链切割、氨基酸侧链修饰、功能性基团添加及特定标签附着。

1. 主链切割

主链切割指将蛋白质的多肽链分割成多个片段。这一过程主要包括两个关键步骤：蛋白质剪接和蛋白质水解。

蛋白质剪接（protein splicing）是一种在蛋白质层面上发生的自然现象，与 RNA 剪接相似，该过程涉及蛋白质前体中的特定氨基酸序列——内含肽（intein）的移除，以及剩余外显肽（extein）部分的连接，最终形成成熟的蛋白质。这一过程不需要任何外部蛋白酶的参与，完全依赖内含肽自身的催化活性完成。内含肽是一种特殊的蛋白质结构，它能够自我催化剪接反应，移除自身并连接两侧的外显肽，这一特性使其在蛋白质工程中具有重要的应用价值。内含肽的发现和研究为蛋白质的合成和修饰提供了新的策略，尤其是在需要精确调控蛋白质活性和稳定性的生物技术应用中展现出独特优势。

蛋白质剪接通常包括三个主要步骤：首先，含有内含肽和外显肽的蛋白质前体被合成；然后，内含肽通过特定的结构变化和一系列化学步骤实现自我剪接，这通常涉及形成套索结构和硫酯键交换；最后，内含肽被移除后，两个外显肽的末端通过形成新的肽键连接起来，形成成熟蛋白质。基于内含肽的蛋白质剪接在蛋白质工程中有广泛的应用前景。例如，它可以用于制备具有特定功能的蛋白质片段、构建融合蛋白或进行蛋白质特异位点标记等。

　　蛋白质水解是指蛋白质分子在水解酶的作用下被分解成较小的肽链或单个氨基酸的过程，这是一种生物化学反应，主要涉及肽键（连接氨基酸的化学键）的断裂。蛋白质水解可以发生在体外（如消化过程中的食物蛋白质分解）或体内（如细胞内蛋白质的降解和再利用）。蛋白质水解主要由蛋白酶催化。蛋白酶根据其作用于蛋白质的部位可以分为内肽酶和外肽酶。内肽酶作用于蛋白质中间部分的肽键，而外肽酶则从蛋白质的氨基或羧基末端逐步降解氨基酸残基。常见的蛋白酶包括胰蛋白酶、胃蛋白酶、糜蛋白酶等，它们具有不同的专一性和水解速率。

　　食物中的蛋白质消化是蛋白质水解的经典实例。在人体消化系统中，食物中的蛋白质经过口腔、胃和小肠的消化过程，逐步被分解为较小的肽段和游离氨基酸，以供机体吸收和利用。在口腔中，唾液腺分泌的唾液含有少量的淀粉酶和蛋白酶，口腔中主要对食物进行初步的物理研磨和化学消化，使食物变得柔软并刺激味觉。当食物进入胃后，胃蛋白酶开始发挥作用，这是一种内肽酶，能够在胃酸的帮助下将蛋白质分解为较小的肽段。最后，在小肠中，胰蛋白酶、糜蛋白酶等胰液中的蛋白酶进一步将肽段分解为游离氨基酸或更小的肽段，这些水解产物通过小肠黏膜吸收进入血液循环，供机体各组织使用。

2. 氨基酸侧链修饰

　　化学反应是氨基酸性质改变的常见原因。氨基酸分子中的氨基（—NH_2）和羧基（—COOH）作为反应活性较高的官能团，可以参与形成酰胺键（肽键）或酸碱中和反应。此外，某些化学试剂（如氧化剂、还原剂）或反应条件（如酸碱条件），也可能导致氨基酸侧链基团变化，从而影响氨基酸的性质。物理环境（如温度、压力、光照等）的改变，也可能影响氨基酸的稳定性，导致其性质发生变化。pH值的改变对氨基酸的电荷状态有直接影响，进而影响其在水溶液中的溶解性和反应活性。

　　在生物体内，特定的酶可以催化氨基酸发生特定的化学反应，如转氨基作用（将一个氨基酸的氨基转移到另一个酮酸上，形成新的氨基酸）和脱羧基作用（移除氨基酸的羧基，形成胺），这些酶促反应也会导致氨基酸性质的改变。这些性质的改变不仅影响单个氨基酸，还可能影响由这些氨基酸组成的蛋白质的整体结构和功能，包括蛋白质的折叠状态、稳定性、酶活性和信号传导能力等。

某些氨基酸的氧化可以导致蛋白质结构的不稳定，影响其活性，这在氧化应激相关的疾病中尤为重要。氧化应激条件下，蛋白质中的某些氨基酸残基（如半胱氨酸、酪氨酸）容易被氧化，导致蛋白质的结构和功能改变，进而影响细胞的正常生理活动。

3. 功能性基团添加

通过在蛋白质的氨基酸残基上添加特定的化学基团，可调整蛋白质的结构、稳定性、活性及其与其他分子的相互作用特性。该类别翻译后修饰涵盖多种常见的修饰方式，包括甲基化、乙酰化、糖基化和磷酸化等。

甲基化是 DNA、RNA 或蛋白质分子上特定的化学基团（如氨基酸残基或 DNA 碱基）被添加甲基基团的化学修饰。这种修饰可以改变分子的物理和化学性质，从而影响其功能。甲基化通常与基因沉默相关，当 DNA 发生甲基化时，可以阻碍转录因子和其他 DNA 结合蛋白的结合，从而抑制基因的表达。例如，当一个基因的启动子区域发生甲基化时，会阻止 RNA 聚合酶的结合，从而阻止基因的转录和表达。这种机制在基因调控、胚胎发育、X 染色体失活及肿瘤抑制基因的沉默中发挥重要作用。

乙酰化是最常见的 PTMs 之一，最初由 Phillips 等于 1963 年发现，目前已成为继磷酸化后细胞中的主要蛋白质 PTM 方式。乙酰化修饰主要有三种类型：①赖氨酸乙酰化修饰，该过程是可逆的，由组蛋白乙酰转移酶（HATs）和组蛋白脱乙酰酶（HDACs）催化完成。这种 PTM 可以中和赖氨酸的正电荷，并能赋予修饰蛋白质新的特性，包括酶活性、亚细胞定位和 DNA 结合能力的变化。②N- 乙酰化，发生在蛋白质的 N- 末端区域，在蛋白质的合成、稳定性维持和细胞定位中发挥重要作用。③O- 乙酰化，指在丝氨酸或苏氨酸的羟基侧链上添加乙酰基。该过程也被认为是一种可逆过程，仅在少数真核生物中被检测到。最新研究显示，蛋白质的乙酰化与多种癌症及脑部肿瘤存在关联，如胰腺癌、乳腺癌、肺癌和白血病等。

糖基化是碳水化合物（即糖基供体）连接到另一个分子的羟基或其他官能团上的反应。蛋白质的糖基化是最多样化的翻译后修饰之一。蛋白质的糖基化可通过酶促或非酶促的方式发生。例如，葡萄糖（以醛形式存在）会与蛋白质中的赖氨酸和精氨酸残基发生反应，经历一系列变化，最终生成糖基化终产物，这些终产物在衰老和疾病（特别是糖尿病）中发挥重要作用。糖基化主要分为 N- 糖基化、O- 糖基化、C- 糖基化和糖基磷脂酰肌醇（GPI）锚定。研究表明，糖基化修饰与 Walker-Warburg 综合征、肌张力障碍、血友病、肺癌、半乳糖唾液酸贮积症、前列腺癌等疾病有关。

磷酸化修饰是由蛋白质激酶催化将 ATP 的磷酸基团转移到底物蛋白质的特定氨基酸残基上的过程，这一过程在细胞信号转导和代谢调节中发挥着关键作用。根据被磷酸化的氨基酸残基的不同，磷酸化蛋白质分为 4 类，即 O- 磷酸化蛋白、N- 磷酸化蛋白、酰基磷酸化蛋白和 S- 磷酸化蛋白。其中，O- 磷酸化蛋白是研究最为深入的一类，其磷酸化位点主要集中在肽链中的酪氨酸、丝氨酸、苏氨酸残基上。磷酸化修饰是最普遍且研究最深入的 PTMs 之一，几乎与每一个细胞过程都密切相关。目前研究发现，磷酸化与慢性髓细胞性白血病、乳腺癌、非小细胞肺癌、心血管疾病、阿尔茨海默病等疾病有关。

4. 特定标签附着

蛋白质特定标签附着是通过将小分子蛋白标签共价连接到目标蛋白质上，从而改变其功能。其中，泛素化和小分子泛素相关修饰物蛋白（SUMO）化是两种极为重要的蛋白质特定标签附着修饰方式。

泛素化在蛋白质的定位、代谢、功能调控和降解中都起着十分重要的作用。同时，它也参与细胞周期、细胞增殖、细胞凋亡等几乎一切生命活动的调控。泛素是一种小而丰富的蛋白质，由 76 个氨基酸组成，具有 C 末端二甘氨酸尾巴。泛素（Ub）化途径本质上是一种酶级联反应，涉及激活酶（E1）、偶联酶（E2）和连接酶（E3）的依次作用，通过一系列酶促反应将泛素与靶蛋白上的赖氨酸残基进行共价偶联。这三种类型的酶依次起作用。首先，Ub 被激活酶（E1）激活，随后被转移到偶联酶（E2）上。接着，连接酶（E3）与携带 Ub 的 E2 和底物蛋白相互作用，促使 Ub 的 C 末端与底物蛋白的赖氨酸 ε- 氨基之间形成异肽键。当前研究表明，泛素化在癌症、代谢综合征、神经退行性变性疾病、自身免疫病、炎症性疾病、感染性疾病以及肌营养不良等多种疾病的发生与进展中均扮演关键角色。

SUMO 化指将小分子泛素相关修饰物蛋白（SUMO）附加到蛋白质的特定赖氨酸残基上的过程。SUMO 是一类小分子蛋白，与泛素相似但在结构和功能上有所不同。

SUMO 化在调控蛋白质的稳定性、亚细胞定位、转录调控和 DNA 损伤响应等方面起着重要作用。血管内皮细胞生长因子受体 2（VEFGR2）是一种重要的受体酪氨酸激酶，在血管生成和肿瘤发展中发挥关键作用。VEFGR2 的 SUMO 化能够很好地展示 SUMO 化如何影响蛋白质的功能和定位。

在过去的几十年里，基于质谱（MS）的蛋白质组学技术已被证明是医学研究中的有力工具，可用于鉴定蛋白质组中的 PTM 底物以及精确定位 PTM 位点。此类研究通常包括四个步骤。首先，将目标蛋白质裂解物通常通过特定的蛋白酶（如胰蛋白酶）水解消化。其次，使用合适的方法对所得蛋白水解肽进行富集，以将目标 PTM 肽与其余蛋白水解肽分离。再次，通过高效液相色谱 - 串联质谱（HPLC/MS/MS）分析分离的 PTM 肽，进行肽鉴定和 PTM 位点的精确定位。最后，通过手动或自动验证方法对候选肽进行进一步评估，以确保鉴定结果的准确性和统计学意义。由此可见，在 PTM 蛋白质组学研究中，相较于常规蛋白质组学技术，其增加了富集步骤。常用的富集技术包括基于抗体的富集法、基于离子相互作用的富集法及化学衍生标记法等。在研究不同的修饰类型时，使用的富集方法可能存在差异。

五、蛋白质翻译后转运

1. 信号肽假说

1972 年，Milstein 等发现免疫球蛋白 G（IgG）轻链的前体比成熟蛋白质在 N 端多 20 个氨基酸。他们推测这 20 个氨基酸可能与其通过内质网进而分泌有关。美国 Blobel 实验室完成的三项重要实验支持了以上推测。

① 将 IgG 的 mRNA 置于无细胞系统中，以游离核糖体进行体外合成时产生的蛋白质是 IgG 的前体；若在该无细胞系统中加入狗胰细胞的粗面内质网，则能产生成熟蛋白质。成熟蛋白质和前体蛋白质相差的 20 个氨基酸是疏水性很强的氨基酸。

② 加入蛋白酶不能使正在合成的 IgG 水解，而同时加入去垢剂（可将膜破坏）可以使其水解。蛋白酶只能作用于游离的蛋白质而不能作用于与膜结合的蛋白质，这表明 IgG 合成时可能和粗面内质网的膜相结合，而去垢剂可将其和膜分离，进而被水解。

③ 用去垢剂处理骨髓瘤细胞后所获得的多核糖体与膜分离，然后在离体的条件下继续进行新生肽的合成。经短时温育得到的是成熟的 IgG，而长时温育得到的是前体 IgG，这表明 mRNA 5′ 端核糖体上合成的新生肽尚未来得及加工，而 3′ 端核糖体上合成的新生肽在核糖体未与膜分离前已部分进入粗面内质网，经过加工，切除了 N 端的部分氨基酸。

在以上实验的基础上，Blobel 和 Dobberstein 在 1975 年正式提出信号肽假说。因发现信号肽，Blobel 被授予 1999 年诺贝尔生理学或医学奖。

2. 蛋白质的共翻译转运

蛋白质的共翻译转运是指蛋白质在游离核糖体上开始合成后，由信号肽和与之结合的信号识别颗粒（SRP）引导转移至粗面内质网，然后新生肽边合成边转入粗面内质网腔或定位在内质网膜上，经转运膜泡运输到高尔基体加工包装，再分选至溶酶体、细胞质膜或分泌到细胞外。具体过程如下：蛋白质起初在游离的核糖体上先合成 N 端带有信号肽序列的一段肽链，信号肽与细胞质基质中的 SRP 结合，SRP 通过与内质网上的 SRP 受体结合，将核糖体与新生肽引导至内质网。SRP 的存在会使肽链延伸暂时停止，之后 SRP 脱离，信号肽引导新生肽链进入内质网腔，肽链继续合成直至结束，核糖体从内质网脱落，而信号肽在进入内质网腔后，通常会被信号肽酶切除。分泌蛋白（如胰岛素、消化酶等）、细胞膜蛋白、溶酶体酶等的合成和转运通常采用共翻译转运途径。

3. 蛋白质的翻译后转运

蛋白质的翻译后定向是指蛋白质在细胞质基质的游离核糖体上合成后，再根据肽链上的靶向序列转移到相应膜包被的细胞器（如细胞核、线粒体、叶绿体和过氧化物酶体），或者成为细胞质基质的可溶性驻留蛋白和骨架蛋白。以线粒体蛋白为例，线粒体蛋白从细胞质基质输入到线粒体基质时，需要分子伴侣胞质蛋白 Hsc70 和线粒体基质蛋白 Hsc70 的协助，从内外膜接触点的 Tom（外膜移位子）和 Tim（内膜移位子）复合物处输入。线粒体蛋白主要通过以下三种途径从细胞质基质输入线粒体内膜：途径 a，具有 N 端基质靶向序列和内部停止转移序列；途径 b，具有 N 端基质靶向序列和内部疏水的 Oxa1 靶向序列；途径 c，没有 N 端基质靶向序列，但含有多个内部靶向序列。线粒体、叶绿体中的蛋白质以及细胞质基质蛋白等多采用翻译后转运途径。

蛋白质作为生命活动不可替代的基石，其精妙的结构与动态的功能构成了生命现象的核心逻辑。从氨基酸序列决定的多级折叠构象，到由此衍生的催化、结构、运输、信号传导等多样功能；从复杂的翻译后修饰网络对蛋白质活性与功能的精密调控，到信号肽与靶向序列引导的精准亚细胞定位——对蛋白质的深入理解，本质上是解码生命运行机制的关键。随着以 AlphaFold 为代表的人工智能技术、冷冻电子显微术等先进结构解析手段的飞速发展，以及蛋白质组学研究的不断深入，人类正以前所未有的精度揭示蛋白质的结构 - 功能关系及其调控网络。这不仅深化了人们对基础生命过程的认识，为解析疾病机制（如蛋白质错误折叠引起的疾病、信号通路失调引发的癌症等）提供了全新视角，更极大地推动了精准药物设计、合成生物学研究及生物材料开发等前沿领域。未来，对蛋白质更全面、更动态的探索，将继续引领生命科学突破认知边界，并为解决人类健康与可持续发展的重大挑战提供核心驱动力。

六、《功夫蛋白》钢琴曲五线谱

功夫蛋白
Functional Proteins

作曲：熊岳涛 钟鸿英

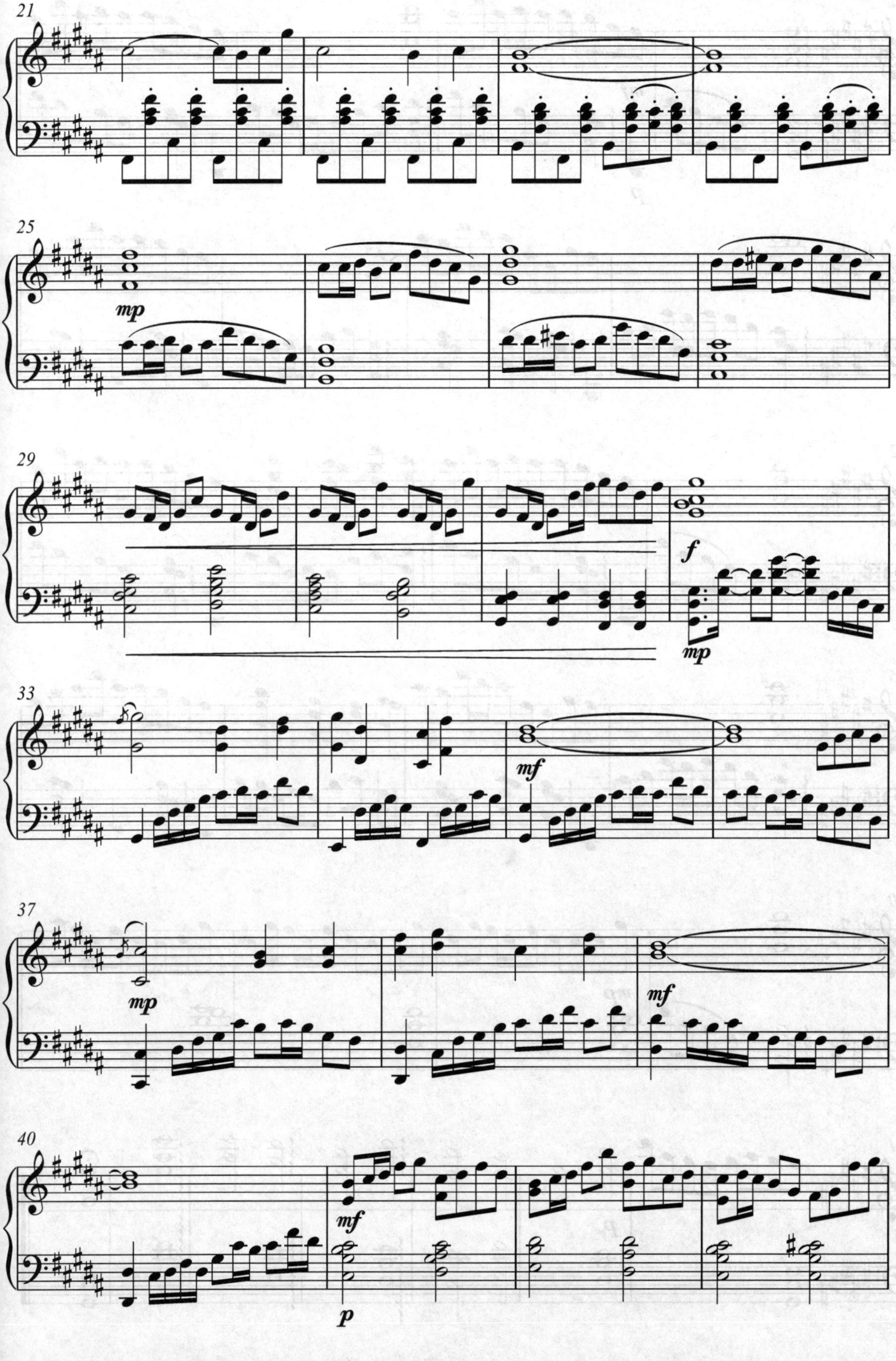
21
25
mp
29
f
mp
33
mf
37
mp
mf
40
mf
p

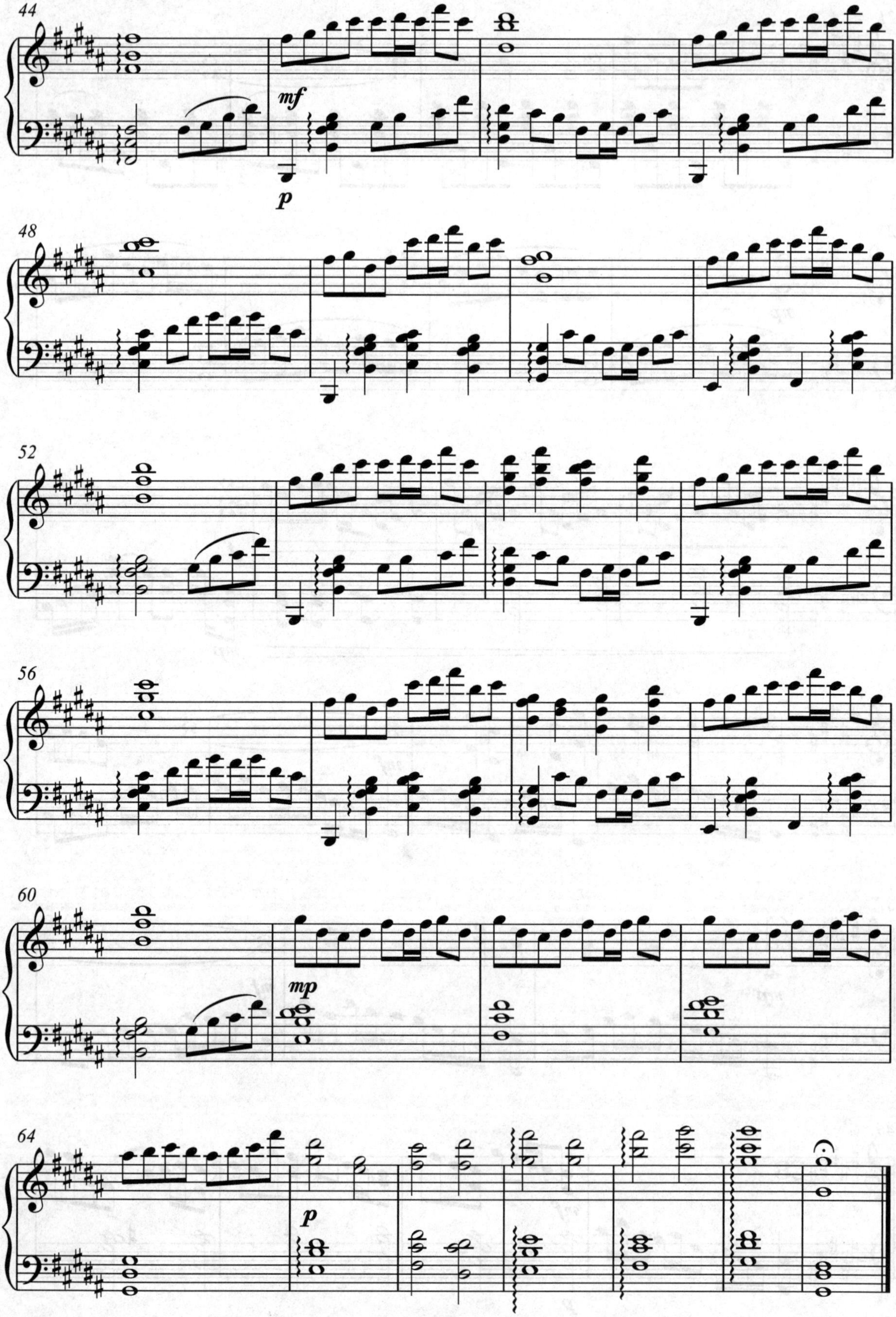
44
mf
p
48
52
56
60
mp
64
p

七、《功夫蛋白》作品赏析

《功夫蛋白》旨在将执行生命活动具体功能的各种蛋白质具象化为生龙活虎的"中国功夫大师"，通过节奏、音型与结构设计，展现蛋白质特性。作品主调为升 g 羽调式，这是中国传统五声调式或七声调式中的一种羽调式，具有小调色彩。羽调式天然带有含蓄柔美的东方韵味，类似于西方自然小调，这种调式能让听众仿佛感受到在空灵静谧的细胞之中，蛋白质悄然折叠形成各种优美构象的过程。升 g 高音可模拟犹如风铃一般的空灵音色，赋予音乐一抹神秘色彩，如同蛋白质中的未解之谜。为营造中国功夫氛围，作品采用了中国"色彩和声"和中华民族五声化旋律。中国"色彩和声"与西方"功能和声"各有特点，西方"功能和声"以调性中心来构建"主 - 属 - 下属"功能体系，强调张力与解决，追求纵向音响的功能性推动。其和弦结构以三度叠置为基础，注重不和谐音的预备与解决。中国"色彩和声"以宫、商、角、徵、羽五声调式为核心，注重横向旋律的线性运动。其和弦结构为非三度叠置，避免了半音冲突，更侧重于渲染意境、情绪和音色变化。与西方"功能和声"的功能性推动不同，中国"色彩和声"崇尚自然渐变，更能表现各种蛋白质因折叠构象变化所引起的功能变化，而非由功能驱动的构象变化。

（一）前奏

第 1～6 小节是全曲的前奏部分（见钢琴曲五线谱第 1 页第 1～2 行），寓意着蛋白质的基本结构单元——氨基酸的登场。该部分以左手右手交替的方式呈现五声化旋律，前三个小节中左右手之间形成对话式的呼应，到第 4 小节末对话形式发展为对位，最终汇合在一起，就像 tRNA 三叶草结构中的 RNA 局部双链，伸出双臂逐次将氨基酸转运至指定位置。到第 6 小节，和声呈现柱式织体形态，所有声部以同步的节奏纵向叠置，形成"柱状"或"块状"的和声效果，直接传递情感张力，营造出繁忙而有序的蛋白质生产工厂景象。

（二）主题

第 7～24 小节为全曲主题乐段（见钢琴曲五线谱第 1 页第 2 行～第 2 页第 1 行），

这部分采用 B 宫调式，以 B（宫音）为主音，按照"宫 - 商 - 角 - 徵 - 羽"的五声关系构建调式。宫调式在五声中具有"大调"性质，主音 B 音高较高并结合升号调，借此塑造出蛋白质作为生命功能执行者的磅礴气势，它以四级结构为乐器奏响了生命的乐章。第 7 小节可视为整个主题乐段的前奏，从第 7 小节到 11 小节，左手低音部分持续强调主音 B（宫）与属音升 F（徵）的五度关系，这是一种极具东方意蕴的调性锚定手法，通过低音声部的循环动力，营造出既稳固又流动的艺术效果：主音 B 如大地，属音升 F 如撑起天空的立柱，形成"天地呼应"的"梁柱结构"，构建不可撼动的调性框架，同时，属音升 F 对主音 B 具有倾向性，推动音乐向前流动。这就犹如蛋白质的氨基酸序列构成结构的基石，由此逐步演化出二级、三级和四级结构。

（三）连接部分

第 25～32 小节是主题乐段与对比乐段的连接部分（见钢琴曲五线谱第 2 页第 2～3 行）。在第 25 小节开始部分，继续引申发展前奏的左右手呼应旋律，将听众的思绪拉回到蛋白质生产工厂这一情境之中。从第 29 小节开始，采用大二度调性并置的色彩变化与五声纵合和声，旋律高点也从升 C 开始，经过升 D、升 F，且力度渐强，至升 G 高点后形成环绕式旋律。在大二度关系中，两调主音相距全音，既不像小二度般尖锐，也不像五度般和谐，可形成微妙的对抗与平衡，营造悬而未决的戏剧性氛围，就像站在远处遥望期待着蛋白质成品出厂的场景。而五声纵和性和声将五声旋律音纵向叠加，削弱了和声倾向性，为大二度调性的跳跃提供了自由空间。这两者的结合旨在产生远景与近景的透视叠加效果。到第 32 小节，右手与左手进行功能交换，左手接过旋律，右手演奏和声，这种手法既是在打破听众的听觉惯性，表现蛋白质四级结构的相互联系，又为后面段落进行先行铺垫。

（四）第一对比乐段

第 33～44 小节是全曲的第一对比乐段（见钢琴曲五线谱第 2 页第 4 行 ～ 第 3 页第 1 行），与基因编码的蛋白质一级结构对比，该部分表现各种蛋白质的翻译后修饰过程。该部分着重呈现左右手长音与密集旋律化伴奏之间的对话，并使旋律在左右手之间交织，通过"静与动""疏与密"的极致对比，塑造层次丰富的艺术效果，以表现蛋白质构象因翻译后的化学修饰而发生的改变。第 33 小节至第 40 小节，右手旋律较左手时值更长，演奏旋律升 G、升 D、升 F、升 G、升 D、升 C、升 F 和升 D，形成围绕升 D 音的环绕式旋律，并采用整体前短后长的逆分型节奏，搭配中间等分四分音符的节奏，赋予音乐旋律语言性与律动性。此时，左手演奏的节奏更加细碎，与右手旋律形成对话与补充，犹如在机器轰鸣的工厂中，经修饰加工的蛋白质分子相互话别，各自准备踏上征程去奔赴使命。

（五）第二对比乐段

第 45 ～ 60 小节是全曲的第二对比乐段（见钢琴曲五线谱第 3 页第 1 ～ 5 行），再次与基因编码的蛋白质一级结构对比，这部分旨在表现新合成蛋白质通过特定信号序列和转运机制被准确运送至功能位点，如细胞器、膜系统或胞外。第 45 小节，整体旋律位于高声区，主要结构采用"起承转合"四句式，与前述呈现蛋白质翻译后修饰过程的部分相衔接，意在表现整装待发的新生蛋白质。在和声上强调五度的空灵与二度的碰撞，持续的五度和声模拟定向转运依赖的分选信号序列，如 N 端信号肽、核定位信号、线粒体靶向序列、叶绿体转运肽、过氧化物酶体靶向信号，以及各种跨膜结构域，而二度碰撞则打破平静，就像 GTP 水解启动蛋白质转运货车的能量引擎。在第 45 小节，采用鱼咬尾方式及第一对比乐段结尾部分的节奏，犹如错误定位蛋白通过 Retromer 复合物逆向运输。第二对比乐段为 B 宫调，整体色彩明亮，并利用琶音演奏法，将和弦分解为连续的音符，形成如流水般的线性旋律，以表现细胞中蛋白质运输的繁忙景象。

（六）尾声

第 61 小节（见钢琴曲五线谱第 3 页第 5 行）进入尾声部分，全曲在五声性和声、五度为主的琶音式与柱式和声中结束。右手节奏继续承接第二对比乐段，左手演奏的柱式和声在第 65 小节进行了双手的统一，之后逐步加入琶音演奏技法，最后落在升 G 音（羽音）及其构成的和声上，再次重现新生蛋白质的合成与运输。

第七章

All
in
the
Planet

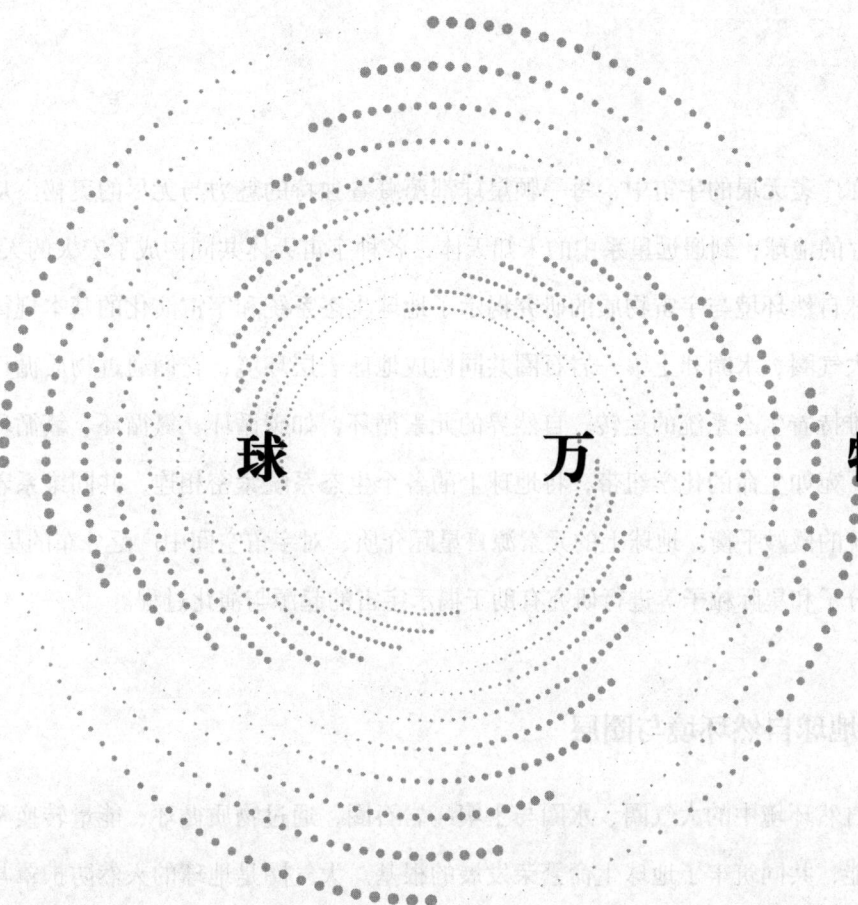

星　　　　球　　　　万　　　　物

在广袤无垠的宇宙中，每一颗星球都蕴藏着独特的魅力与无尽的奥秘。从人类赖以生存的地球，到遥远星系中的未知天体，各种宇宙天体共同构成了宏大的天体体系。对地球自然环境与宇宙物质的研究揭示了地球生态系统和宇宙演化的基本规律。生物圈、大气圈、水圈和土壤—岩石圈共同构成地球表层环境，它们通过物质循环和能量转换维持着生态系统的运转。自然界的元素循环，如碳循环、氮循环、氧循环及水循环等，宛如生命的化学纽带，将地球上的各个生态系统紧密相连，共同维系着地球生态系统的微妙平衡。地球上的元素源自星际介质，对宇宙空间中广泛分布的星际物质、星际分子和星际粒子等进行研究有助于揭示宇宙的起源与演化过程。

一、地球自然环境与圈层

自然环境中的大气圈、水圈与土壤—岩石圈，通过物质循环、能量转换及生态服务功能，共同筑牢了地球生命繁荣发展的根基。大气圈是地球的天然防护罩与气候调节器，既能有效屏蔽宇宙辐射，保护生物安全，又能通过温室效应维持地表温度，参与水循环，确保地球气候的平稳运行。水圈作为生命存续的关键要素，凭借独特的物理化学特性，在全球范围内持续循环，为各类生物提供生存所需的水资源，滋养着万千生命。土壤—岩石圈则是生命扎根的基础，它不仅为植物生长供应养分、提供支撑，还深度参与地球化学循环，不断塑造着地球的地貌景观。

1. 大气圈

大气圈，也称为大气层，是包裹地球的气体圈层，主要由氮气（占 78.1%）、氧气（占 20.9%）、氩气（占 0.93%）以及少量的二氧化碳、稀有气体（包括氦气、氖气、氮气、氙气、氡气）和水蒸气组成。氮气是大气圈中占比最高的成分，占比达 78%，其化学性质极为稳定，不易发生化学反应，为地球生物提供了稳定的气体环境。在工业生产中，常利用氮气的稳定性将其作为保护气，防止物质在生产过程中被氧化。氧气在大气圈中占比约 21%，在生物呼吸过程中发挥重要作用，维持着生命活动的进行。尽管二氧化碳在大气中的体积分数仅为 0.03%～0.04%，它却是植物进行光合作用不可或缺的原料，助力绿色植物在阳光下茁壮成长。绿色植物通过光合作用，利用二氧化碳和水合成有机物并释放氧气，这一过程既为植物生长提供了必要的物质和能量，也维持着大气中氧气与二氧化碳的平衡状态。此外，二氧化碳可吸收地面长波辐射，并通过大气逆辐射，将热量反馈至地面，形成温室效应。适度的温室效能维持地球表面温度的稳定，为生命的繁衍提供必要条件。大气圈中还存在着一层薄薄的臭氧（O_3）层。科学研究表明，臭氧层能够吸收太阳光中 99% 的有害紫外线，有效阻挡这些紫外线对地球上生命的伤害，保护生物免受基因突变、皮肤癌等危害，堪称地球生命的"天然保护伞"。

　　大气圈是地球外部圈层的重要组成部分，自地表向上可依次划分为对流层、平流层、中间层、热层和逸散层五个层次。对流层是大气圈的最底层，与人类的生产生活紧密相连，其厚度受纬度和季节变化的影响而有所差异。受地表受热不均的影响，热空气上升、冷空气下沉，形成强烈的垂直对流运动。这种对流使水汽、杂质充分混合，孕育出云、雨、雪、雾等丰富多变的天气现象。平流层位于对流层之上，以平流运动为主，几乎不存在对流现象，空气性质相对稳定，水汽和尘埃含量极少，天气现象罕见。由于平流层的稳定气流和高能见度，以及远离飞鸟等潜在威胁，民航飞机通常选择在这一层飞行，从而有效保障飞行的安全性。从平流层顶到 85 公里高度为中间层，其主要特征为：气温随高度增加而迅速降低，至中间层顶界时，气温可达 -83～-113℃。这是因为该层臭氧含量稀少，不能有效吸收太阳光中的紫外线，且氮、氧能吸收的短波辐射大多被上层大气截留。此外，该层还存在强烈的对流运动，因此也被称为高空对流层或上对流层。这是由上部冷空气与下部暖空气形成的温差所致，但因空气稀薄，对流强度远不及对流层。热层位于中间层顶以上，其温度随高度的增加而迅速升高，这是由于波长小于 0.175μm 的太阳紫外辐射被该层中的大气物质（主要是原子氧）所吸收。在热层中，大气物质发生电离，形成对现代通信导航技术至关重要的电离层。电离层由太阳辐射电离的气体分子和原子构成，其内部存在的自由电子与离子构成特殊介质环境。该电离层对 3 ～ 300MHz 频段的短波无线电信号具有选择性反射特性，当电波以特定仰角入射时，会经电离层与地面间的单次或多次反射（如天波传播机制），从而支持 200 ～ 4000km 中远距离通信。该物理现象被广泛应用于国际广播（如 BBC、VOA 短波频道）、全球海上遇险与安全系统（GMDSS）、航空航路通信等领域。电离层电子浓度随太阳黑子活动和昼夜变化而动态波动，这可能导致通信信号经历多径衰落或突发中断，因此现代通信系统常辅以卫星中继或自适应频率调节技术作为补充。逸散层是大气的最外一层，也是大气层和星际空间的过渡层，无明显的边界线，这一层空气极其稀薄，大气质点碰撞机会很小，气温也随高度增加而升高。由于气温很高，空气粒子运动速度很快，又因距地球表面远，受地球引力作用小，故一些高速运动的空气质点不断逸散到星际空间，逸散层由此而得名。

大气环流系统通过纬向和经向的复杂运动，驱动着热量与水汽的全球尺度输送。这种动力机制在赤道地区形成强烈的上升气流，于副热带高压带转为下沉气流，进而塑造出热带辐合带的多雨特征。太阳辐射能在不同纬度带间重新分配，形成热带雨林气候终年湿热、副热带干旱气候少雨、温带季风气候四季分明等典型气候类型。大气水平运动（风）的动能可通过风力发电机转化为电能，是清洁可再生能源。气流冲击涡轮叶片，引发伯努利效应，进而驱动轮毂以 12 ～ 20r/min 的速率旋转，经齿轮箱增速后带动双馈异步发电机工作，高效地将机械能转换为 23kV 的交流电能。该能源转化过程无温室气体排放，全生命周期碳排放量仅为化石能源的 1/50。在电网侧，风电场通过 35kV 集电线路接入 220kV 升压站，经柔性直流输电技术实现跨区域消纳；在用户侧，分布式风电系统可为偏远地区提供离网供电解决方案，有效改善能源可及性。

2. 水圈

水圈是由海洋水、陆地水和大气水共同构成的全球性动态循环系统，通过水循环过程维系地球生态系统的稳定与平衡。这一系统在全球物质循环、能量流动及气候调控中发挥着至关重要的作用，深刻影响着地球表层系统的演变历程。

海洋水作为水圈的主体，覆盖地球表面约 71% 的区域，占地球总水量的 97%。全球海洋生物种类繁多，据估计在 100 万至 150 万之间，总生物量约为 342 亿吨。海洋生物包括小型浮游生物、庞大的鲸鱼，以及珊瑚、贝类、鱼类等无数类群，是全球气候系统的关键调节者。海洋通过海 - 气相互作用实现热量与物质交换，其表层环流系统对全球气候格局具有深远影响。例如，墨西哥湾暖流每秒输送约 1.5 亿立方米暖水至北大西洋高纬度区域，使欧洲西部年均气温高于同纬度地区 10℃，形成温带海洋性气候。此外，海洋是全球碳循环的重要储库，每年可吸收约 30% 人类活动排放的二氧化碳，对缓解全球变暖发挥着关键作用。

尽管陆地水仅占地球总水量的 2.53%，但它对陆地生态系统和人类社会至关重要。河流作为陆地水循环的主要通道，全球年均径流量约为 4.2 万立方千米，通过侵蚀、搬运和沉积作用塑造地表形态，并为陆地生态系统提供物质与能量输入。冰川作为地球上最大的淡水储备，占陆地淡水总量的 68.7%，主要分布于南极、格陵兰岛及高海拔山区（如喜马拉雅山脉）。冰川物质平衡的变化直接影响海平面的升降。根据统计数据，全球地下水储量约为 2.55 亿立方千米，这一数据凸显了地下水在维持区域水资源安全方面的重要作用。特别是在干旱和半干旱地区，地下水可占水资源总量的 70% 以上。河流落差产生的动能通过水电站（如三峡水电站）转化为电能，其核心原理是依托水体重力势能驱动涡轮机组旋转，经水轮机与发电机的机械联动实现能量转换。

大气水以水汽、云滴和冰晶等形式存在，虽仅占地球总水量的 0.001%，却是水循环过程的关键环节。全球大气水通过蒸发、水汽输送、凝结和降水等过程实现快速循环。据估算，全球海洋年均蒸发量约为 505000 立方千米，其中约 87.5% 的水汽通过大气环流输送至陆地形成降水。典型如亚洲季风系统，夏季将印度洋和西太平洋的水汽输送至亚洲大陆，形成占陆地降水总量约 70% 的季风降水，对区域水资源补给和农业生产具有决定性影响。

水作为生物细胞的主要成分，占细胞总质量的 70% ～ 90%，其独特的物理化学性质使其成为生命活动的必需介质。从生命起源角度看，海洋因其稳定的温度环境、富含溶解态矿物质及液态水条件，孕育了 35 亿年前的原核生物，蓝藻等早期生命通过光合作用逐步改变大气成分，为陆地生物圈的形成奠定基础。淡水生态系统通过河流、湖泊、湿地等多样水体形态，不仅滋养着鲤科鱼类、两栖类及水禽等特有物种，其沿岸带更为 75% 的陆地鸟类提供了栖息之所，而湿地生态系统则凭借强大的物质循环能力，成为水生与陆生生物群落间的重要桥梁。目前，全球约有 23 亿人口直接依赖淡水生态系统获取生活用水，这进一步凸显了保护水资源完整性在生态和人文方面的双重重要性。

从物质属性来看，水的物理化学特性是驱动地球表层系统过程的核心要素。水的比热容约为 4.18kJ/（kg·K），这意味着每升高或降低 1K，每千克水需要吸收或释放 4.18kJ 的热量。同时，水在相变过程中也表现出显著的潜热，其中熔化潜热为 334kJ/kg，蒸发潜热为 2270kJ/kg。基于这些特性，水在气候系统中发挥着关键的热量调节作用。此外，水极强的溶解能力使其成为地球化学循环的主要载体。在地球化学过程中，水通过溶解岩石中的矿物质（如硅酸盐矿物水解）参与风化作用，根据美国地质调查局的数据，每年约有 15 亿吨矿物质通过河流被输送至海洋，这些矿物质不仅对土壤形成、地貌演化产生重要影响，而且是海洋中盐分的主要来源，对元素生物地球化学循环有着不可忽视的作用。根据美国国家海洋和大气管理局的数据，河流在将盐和其他矿物质输送到海洋的过程中发挥了重要的作用，每年会将大约 2.25 亿吨溶解固体注入海洋。此外，水的酸碱缓冲能力和氧化还原特性，在生态系统的物质转化与能量流动过程中也发挥着举足轻重的作用。

3. 土壤—岩石圈

土壤—岩石圈的形成经历了长期且复杂的地质演化过程，是地球物质循环与能量转换的重要体现。岩石圈（lithosphere）包括地壳和上地幔顶部刚性部分，其下方为软流圈（asthenosphere）。岩石圈的厚度主要受板块年龄、热状态和构造环境影响，全球平均厚度约 100 公里，但大洋岩石圈和大陆岩石圈的厚度差异显著。大洋岩石圈厚度通常为 5～100 公里，中脊处为新生岩石圈，极薄，仅约 5～10 公里，主要由新生的玄武质地壳（5～7 公里）和极薄的上地幔刚性层组成。古老海盆较厚，大约为 100 公里。大陆岩石圈因古老且密度低，能长期保存，其厚度通常为 80～250 公里。克拉通是大陆地壳中古老、稳定且刚性极强的核心区域，通常形成于前寒武纪（＞5.4 亿年前），并在漫长的地质历史中未遭受显著的构造破坏，其名称源自希腊语"κράτος"（意为"强度"），反映了其稳定性。稳定克拉通（craton），如加拿大地盾、西伯利亚克拉通，厚度约为 150～250 公里，最深可达 300 公里。在活动造山带或裂谷区，大陆岩石圈厚度可能减至 80～120 公里，如青藏高原下方因印度板块俯冲导致岩石圈拆沉。大洋岩石圈和大陆岩石圈的厚度差异源于板块构造运动，其中大洋岩石圈通过大洋中脊岩浆活动持续增生，而大陆岩石圈则在造山运动、地壳增厚等过程中形成。

岩石圈主要由三大类岩石——岩浆岩、沉积岩和变质岩构成。岩浆岩是地幔或地壳部分熔融产生的岩浆，经上升、冷却凝固形成，根据形成环境可分为侵入岩（如花岗岩）和喷出岩（如玄武岩）。沉积岩源自风化产物、火山碎屑及生物遗骸，经河流、风力等物理搬运，蒸发结晶等化学沉积，以及生物礁建造等生物沉积过程，最终通过压实和胶结作用得以形成，其层理构造是记录古环境变迁的重要地质档案。沉积岩中保存的化石记录了生命演化历程。当生物遗体沉降时，细粒沉积物会像天然模具般封存生物形态，在成岩作用中形成包含恐龙骨骼化石、古植物叶片印痕等珍贵遗迹的地质档案库；沉积岩中还蕴藏着丰富的石油、天然气和煤炭等化石燃料，这些资源是目前全球主要的能源来源。变质岩则是原岩在高温（150℃）、高压（0.2GPa）或流体参与条件下，发生矿物重结晶和成分改造形成，典型岩石如大理岩（石灰岩变质产物）和片麻岩（花岗岩变质产物）。

土壤的形成是岩石风化与地球生物化学过程耦合作用的结果。物理风化通过温差变化、冻融作用、盐类结晶等机制，使岩石发生机械破碎。化学风化主要包括水解、氧化和碳酸化等过程，例如长石类矿物在水解作用下转化为黏土矿物，铁镁矿物在氧化作用下形成氧化铁。碳酸化过程中，大气 CO_2 溶解于水形成碳酸，与碳酸盐矿物反应释放 Ca^{2+}、Mg^{2+} 等离子，是碳循环的重要环节。风化作用不仅为土壤提供了必要的矿物质颗粒和初始养分，还是土壤得以形成的重要前提条件。风化形成的土壤为植物生长提供了载体和养分，进而支持整个陆地生态系统的物质循环和能量流动。风化作用是地球表层系统物质循环的重要环节，影响地貌形态的塑造（如形成风化壳、残积物等）和元素的迁移转化。

生物作用在土壤形成中具有核心地位。植物根系分泌的有机酸可促进矿物溶解，其生长产生的机械压力能加速岩石破碎；微生物通过分解动植物残体释放养分，同时参与氮循环和碳元素固定过程。研究表示，微生物群落结构与土壤有机质转化速率之间存在显著的相关性，这一发现得到了微生物多样性、群落结构动态变化、酶活性以及微生物与土壤有机质稳定性相互作用等深入研究的支持。例如，真菌主导的分解过程有利于腐殖质的形成，这与微生物多样性及其在土壤有机质形成中的作用密切相关。另外，土壤呼吸速率与微生物群落结构的变化紧密相关，这一关系直接影响着有机质的转化效率和速率。经过成土过程，岩石逐渐转化为成土母质，再通过淋溶、淀积作用、腐殖质化等作用，形成成熟土壤剖面。

土壤—岩石圈作为陆地生态系统的关键组成部分，在多个地球系统过程中发挥重要作用。在植物生长方面，土壤提供机械支撑，并作为水分供给和养分交换的介质；在地球化学循环中，土壤—岩石圈参与碳、氮、磷等元素的长期和短期循环；在地貌演变方面，土壤侵蚀与堆积过程受降水强度、植被覆盖度以及地形坡度等多重因素共同调控；从生态系统服务角度，土壤—岩石圈支撑生物多样性维持，土壤—岩石圈中的生物群落多样性与生态系统功能的稳定性之间存在着正相关关系。岩石圈中的地热资源（如温泉、火山活动区）通过地热发电站转化为电能，属于可再生能源。因此，基于对土壤—岩石圈的科学认知开展的资源合理利用与生态保护，构成了实现可持续发展的重要基石。

二、自然界的元素循环

自然界的元素循环，如碳循环、氮循环、氧循环，是地球生命系统得以维系的核心机制，在全球生态系统运行中发挥着不可或缺的作用。水循环通过溶解、运输、提供反应介质等，成为元素循环的关键载体和驱动力。这些循环过程借助物质迁移和能量转化，将陆地、海洋、大气等生态系统紧密相连，形成复杂而有序的地球化学循环体系。

1. 碳循环

地球系统中，碳以不同形态在各种圈层间迁移。在大气圈中，碳以二氧化碳（CO_2）的形式存在；在水圈中，海洋是地球上最大的碳库，储存着约 38000 亿吨碳，相当于大气碳库的 50 倍和陆地生态系统碳库的 20 倍。CO_2 溶解于海水形成碳酸，同时海洋生物（如浮游植物）通过光合作用吸收碳，每年可固定约 900 亿吨碳。岩石圈中，地壳的碳酸盐岩（石灰岩等）及化石燃料（煤、石油）封存着远古时期的碳。一块普通的石灰石，可能留存着数亿年前海洋生物的遗迹。无论是微小藻类还是参天大树，无论是浮游生物还是人类，自然界中的所有生物都参与碳循环。植物通过光合作用将 CO_2 转化为有机物，动物通过摄食"接力"碳的传递，微生物则负责"回收"死亡生物体中的碳。碳循环，即碳元素在自然界的不断迁移和转化过程，是维持地球生态平衡和生命活动不可或缺的基础，如图 7-1 所示。

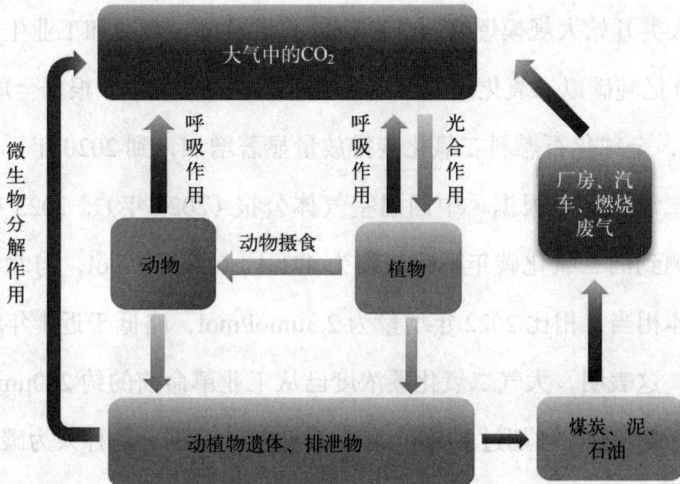

图 7-1 自然界中的碳循环

绿色植物的光合作用构成碳循环的初始驱动力，在光照条件下，绿色植物利用叶绿体，将二氧化碳和水转化为葡萄糖，并释放出氧气。光合作用不仅为植物自身和生态系统中的其他生物提供有机物和能量，还维持着大气中氧气的含量，支持需氧生物的生存。例如，一亩树林一年可以释放出 48 千克氧气，并吸收大气中的二氧化碳，显著地缓解了温室效应。光合作用作为地球碳循环的核心环节，将大气中的二氧化碳转化为有机物，不仅在维持大气氧气含量和全球环境稳定发展方面发挥着关键作用，还对减缓全球变暖产生积极影响。

呼吸作用作为光合作用的逆向过程，推动碳元素从生物体向大气的逆向流动。生物细胞能够将有机物（例如葡萄糖）分解为 CO_2 和 H_2O（或其他产物），同时释放出能量，这些能量用于合成 ATP。

微生物的分解作用是碳循环的重要调节环节。细菌、真菌等微生物分解者，借助分泌的胞外酶，能将动植物遗体、凋落物及排泄物里的复杂有机碳，逐步转化为二氧化碳、水以及无机盐。这一过程不仅显著加快了碳元素的循环速度，还促进了氮、磷等营养元素的释放，为生态系统的物质循环利用提供了有力支持。研究表明，土壤微生物每年分解的有机碳量约占陆地生态系统净初级生产力的 30%～50%，在热带雨林等高温高湿环境中，其分解速率显著提高。

自工业革命以来，化石燃料的燃烧已经显著改变了现代碳循环。煤炭、石油和天然气等化石燃料是地质历史时期形成的资源，封存了数百万年的碳。然而，随着工业革命的推进，人类开始大规模燃烧这些燃料以满足发电、交通和工业生产的需要，导致每年约有 100 亿吨碳以二氧化碳的形式被快速释放到大气中。根据全球研究的数据，自 1900 年以来，全球化石燃料二氧化碳排放量显著增加，到 2020 年，全球每年排放超过 340 亿吨二氧化碳。根据《中国温室气体公报（2023 年）》，2023 年瓦里关全球大气本底站观测到的二氧化碳年平均浓度为 $421.4\pm0.1\mu mol/mol$，与北半球中纬度地区平均浓度大体相当，相比 2022 年增量为 $2.3\mu mol/mol$，略低于近十年增量的平均值（$2.4\mu mol/mol$）。这表明，大气二氧化碳浓度已从工业革命前的约 $280\mu mol/mol$ 显著上升至 $421\mu mol/mol$ 以上，远超过去 80 万年的自然波动范围。这种人为碳输入打破了碳循环的自然平衡，加剧了温室效应，引发全球气温上升、海平面升高、极端气候事件频发等生态危机。

碳循环在地球系统中发挥着双重调控作用。一方面，二氧化碳作为关键温室气体，其浓度与地球温度紧密相关。例如，100 万年前的冰岩显示，间冰期地球大气中二氧化碳浓度约为 0.028%，而在冰期则为 0.018%，这导致冰期地球温度比 20 世纪低 4～7℃。二氧化碳的分子结构使其能够吸收地球向外辐射的红外线，从而将地表平均温度维持在 15℃左右，避免地球陷入严寒。此外，二氧化碳浓度的增加会导致地球温度上升，影响南北极冰川的稳定性，进而影响海平面。碳循环还直接影响植物的生长速率与分布格局，塑造生态系统结构。例如，虽然大气中二氧化碳浓度的升高能够刺激部分植物的光合作用（即"二氧化碳施肥效应"），但这也可能引发植物与昆虫、微生物之间相互作用关系的改变，进而对食物链的稳定性造成影响。因此，维护碳循环的自然平衡，是保障地球气候安全与生态系统可持续性的关键。

2. 氮循环

氮循环，作为地球上最关键的生物地球化学循环之一，在土壤科学领域中占据着至关重要的地位。大气中约 80% 的气体是氮气，氮元素资源极为丰富。固氮作用标志着氮循环的起始，它将氮气转化为生物可利用的形式，随后氮元素在大气、生物、土壤和水体之间进行转化和循环。氮循环的主要环节包括：生物体内有机氮的合成、氨化作用、硝化作用、反硝化作用以及固氮作用。由于大多数生物无法直接利用氮气，因此需要通过生物固氮、高能固氮和工业固氮这三种主要方式来实现氮的转化，如图 7-2 所示。

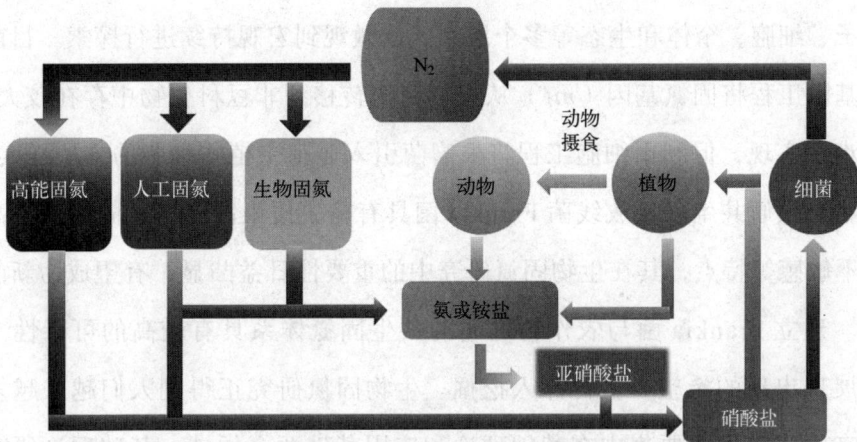

图 7-2 自然界中的氮循环

生物固氮指的是固氮微生物将大气中的氮气还原为氨的过程。在微生物的作用下，氮气被固定并转化为植物可吸收的形式，例如氨和硝酸盐。这一过程不仅能够提升土壤肥力、促进植物生长，而且对维护土壤健康、增加农作物产量、保护自然环境具有重要的影响。

固氮微生物分为三类。第一类是自生固氮微生物，这类微生物的典型代表是生长在沙漠中的发菜，它们能在恶劣的环境中生存。此外，我国主要水体中泛滥的蓝藻中也有许多能够自生固氮。海洋中同样存在许多具有固氮功能的藻类。

第二类是联合固氮微生物。光合作用是将空气中的二氧化碳转化为碳水化合物的过程。植物通过光合作用产生的营养物质有 70% 供自身使用，另外 30% 则分泌到土壤中，以供养附着在植物根际的微生物，包括联合固氮微生物。这些微生物能够为植物提供一定比例的氮素，这种关系通常是互惠互利的。植物体内还存在许多内生菌，它们也能进行固氮作用，属于联合固氮的范畴。例如，在巴西的甘蔗生产中，联合固氮体系能为甘蔗提供高达 60% 的氮素来源。

第三类是共生固氮微生物。科学家认为这类菌虽然固氮效率很高，但其局限性较大。豆科植物如大豆、豌豆、花生等，能够和根瘤菌共生固氮，这种现象于 1887 年被发现。在共生固氮体系中，豆科植物根瘤内的根瘤菌进入植物细胞，并被植物细胞"俘获"，逐渐发育成为类似植物细胞"器官"的结构，因此，它们的固氮效率非常高，这种模式堪称生物固氮的"巅峰之作"。

在过去的二十年里，生物固氮研究已发展为一个跨学科的综合性课题，研究者们在分子、细胞、个体和生态等多个层面，从微观到宏观持续进行探索。目前，尽管通过基因工程将固氮基因（*nif*）从豆科植物转移到非豆科植物中存在较大难度，短期内难以实现，但利用细胞工程将根瘤菌引入非宿主植物细胞的方法切实可行。此外，鉴于根瘤共生固氮放线菌 Frankia 菌具有宿主侵染范围广、固氮活性高以及对氧气不敏感等特点，其在生物固氮研究中的重要性日益凸显，有望成为新的研究突破口。建立 Frankia 菌与农作物之间的共生固氮体系具有较高的可行性。这项研究已展现出新的希望，值得深入挖掘。生物固氮研究正得到人们越来越多的关注。未来的研究将主要集中在基础理论和应用基础两个领域。基础理论研究将重点探讨如何诱发非豆科植物结瘤的最佳条件，以及如何提升共生固氮的效率，包括有效诱导根瘤菌侵入主要农作物并共生结瘤的方法；提高非豆科植物共生结瘤固氮效率的途径；根瘤菌导入非豆科宿主细胞的路径、共生部位和共生机制；利用适当技术手段诱导 Frankia 菌与主要农作物结瘤固氮，以及 Frankia 菌共生结瘤固氮的机制等。应用基础研究则主要关注培育新的固氮植物，通过生物技术改造固氮微生物和现有农作物，促进新的固氮菌与农作物形成共生固氮关系。生物固氮工程研究已经迈入一个新的历史时期，扩大生物间共生固氮的范围，以及将豆科植物的固氮能力转移到非豆科植物中的研究，已经展现出希望的曙光。随着生物固氮研究的不断推进，实现禾本科农作物与固氮微生物共生结瘤固氮的愿景将逐步成为现实。

高能固氮是通过闪电、火山爆发等高能事件将大气中的氮气转化为活性氮化合物的过程。例如，闪电能产生约 30000℃ 的瞬时高温和高压条件，促使氮气与氧气发生化学反应，闪电固氮的三个关键阶段如下。

第一阶段，氮气（N_2）与氧气（O_2）在高温高压条件下生成一氧化氮（NO），见式（7-1）。

$$N_2+O_2 \xrightarrow{\text{高温高压}} 2NO \tag{7-1}$$

第二阶段，一氧化氮进一步被氧化为二氧化氮（NO_2），并随降水形成硝酸（HNO_3），见式（7-2）。

$$4NO_2+2H_2O+O_2 \longrightarrow 4HNO_3 \tag{7-2}$$

第三阶段，硝酸与土壤矿物质反应生成硝酸盐［如 KNO_3、$Ca(NO_3)_2$］，成为植物可吸收的氮源。这一过程每年约固定全球氮量的 5%～8%，是偏远生态系统的重要氮输入途径。

工业固氮通过人工合成氨的方式［见式（7-3）］，将氮气和氢气在高温高压和催化剂的作用下转化为氨，这一过程是大规模的工业生产，为农业生产提供了重要的氮素来源。

$$N_2+3H_2 \underset{\text{催化剂}}{\overset{\text{高温高压}}{\rightleftharpoons}} 2NH_3 \tag{7-3}$$

生物固氮，即利用微生物将大气中的氮气转化为氨的过程，虽然规模较小，但在自然界中扮演着至关重要的角色，其在氮素循环中占的比例远大于工业固氮。

硝化作用是氨（NH_3/ NH_4^+）向硝酸盐（NO_3^-）的两步氧化过程，由化能自养菌主导。硝化作用包含两个阶段，即亚硝化阶段和硝化阶段。

亚硝化阶段中，亚硝化细菌（如硝化螺旋菌）将氨氧化为亚硝酸盐（NO_2^-），见式（7-4）。

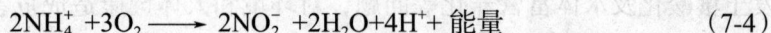

$$2NH_4^+ +3O_2 \longrightarrow 2NO_2^- +2H_2O+4H^+ + \text{能量} \tag{7-4}$$

硝化阶段中，硝化细菌（如硝化杆菌）将亚硝酸盐进一步氧化为硝酸盐，见式（7-5）。

$$2NO_2^-+O_2 \longrightarrow 2NO_3^- + \text{能量} \tag{7-5}$$

硝化作用是氮循环的关键步骤，在硝化细菌的作用下，土壤中的氨被氧化为亚硝酸盐和硝酸盐。这个过程使得土壤中的氮素以硝酸盐的形式存在，更易于被植物吸收利用。植物通过根系吸收土壤中的硝酸盐和铵盐，将其转化为蛋白质、核酸等含氮有机物，支撑自身生长和发育。这一过程就像是植物在"摄取营养"，是植物生长的关键环节。如果土壤中氮素不足，植物会出现生长缓慢、叶片发黄等症状，进而影响光合作用和产量。

植物和动物死亡后，体内含氮有机物在微生物作用下分解为氨，即氨化作用。有机氮通过氨化作用转化为无机氮，重新进入土壤，参与氮循环。在森林中，大量的落叶和枯枝在微生物的分解作用下，释放出氨，为森林土壤提供了丰富的氮素。

反硝化作用是氮从陆地返回大气的主要途径，是在缺氧条件下，反硝化细菌将硝酸盐还原为氮气并释放回大气的过程。这一过程使氮元素能够重新回到大气，维持氮循环的平衡。反硝化作用发生于缺氧环境（如水淹土壤、深层沉积物），由反硝化细菌（如假单胞菌）将硝酸盐（NO_3^-）逐步还原为氮气（N_2）或氧化亚氮（N_2O），见式（7-6）。

$$NO_3^- \longrightarrow NO_2^- \longrightarrow NO \longrightarrow N_2O \longrightarrow N_2 \tag{7-6}$$

通过反硝化作用，每年约返回大气 $40 \sim 70$ 亿吨氮，平衡了生物固氮和工业固氮的过量输入。

氮素作为植物生长发育所必需的营养元素之一，是限制植物生长和产量形成的首要因素，对产品品质有多方面影响。在植物体内，氮素的含量和分布受施氮水平和施氮时期的影响，通常营养器官的氮含量变化较大，生殖器官变化较小。氮素参与蛋白质和核酸等重要生物大分子的合成，这些物质是细胞生长和分裂所必需的。适量的氮素供应能够促进植物叶片和茎干的生长，提高植物的光合作用效率，增加植物的产量和品质。然而，过量施用氮肥会导致作物贪青晚熟、品质下降，还会引发土壤酸化及水体富营养化等问题，对环境和人体健康造成危害。因此，合理控制氮肥的使用量，优化氮循环管理策略，对于保护生态环境和促进可持续农业发展具有重要意义。

3. 氧循环

氧循环作为生物地球化学循环的核心组成部分，通过大气、生物和水体间的动态物质交换，维持着生命系统的基本代谢活动与生态系统的功能平衡。氧循环涵盖了光合作用、呼吸作用以及氧化还原反应等多个核心环节，构成了地球生命存续不可或缺的基石，如图 7-3 所示。

水体中的氧循环维系着水生生态系统的稳定性。溶解氧（DO）是衡量水质优劣的关键指标，其浓度变化受温度、气压及生物活动等多重因素的共同影响。水生植物通过光合作用向水体释放氧气，维持 DO 水平；而鱼类、底栖生物等通过鳃或体表摄取溶解氧进行呼吸。在水体富营养化的情况下，由于氮、磷等营养物质过量，藻类及其他浮游生物迅速繁殖，夜间呼吸作用和藻类死亡后的分解过程会大量消耗溶解氧，形成低氧区（DO < 2mg/L）甚至无氧区，引发鱼类窒息死亡，破坏生态平衡。例如，墨西哥湾北部因密西西比河氮磷污染输入，每年形成面积约 1.8 万平方公里的"死亡区"。

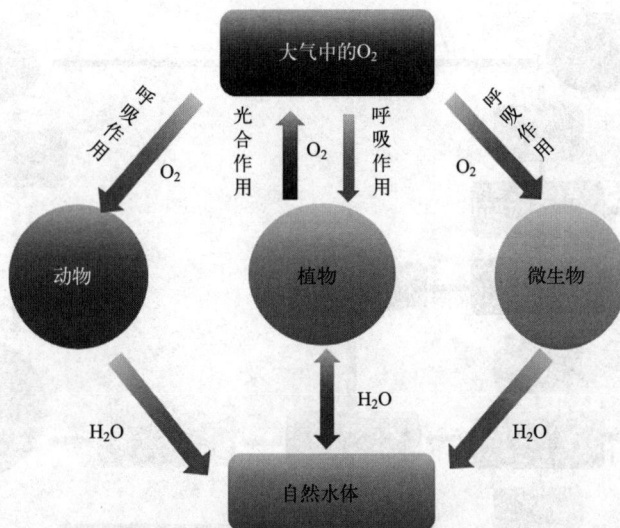

图 7-3　自然界中的氧循环

氧循环对地球系统的调控作用体现在多个维度：在生物代谢层面，氧气作为电子受体参与呼吸链反应，为生命活动提供能量；在物质循环层面，氧气驱动土壤中有机质的矿化分解，促进营养元素的转化与释放；在大气化学层面，氧气与甲烷、一氧化碳等气体发生氧化反应，调节温室气体浓度，影响全球气候。此外，臭氧层中的氧气（O_2 吸收紫外线后形成 O_3）构成保护屏障，阻挡有害短波辐射，保障地表生命安全。

现代人类活动显著扰动了氧循环。森林砍伐削弱了植物固定碳、释放氧的能力，导致全球每年因毁林而减少的氧气产量高达 3.2 亿吨；同时，化石燃料的燃烧不仅大量消耗氧气，还释放出巨量的二氧化碳，进一步加剧了温室效应。保持氧循环的动态平衡，对于维护生态系统的服务功能、促进人与自然和谐共生具有至关重要的战略意义。

4. 水循环

水循环作为地球系统中最基础且关键的物质循环过程，通过蒸发、水汽输送、降水、地表径流和地下径流等核心环节，构建起全球性的动态水文系统。这一循环过程不仅维系着地球水资源的动态平衡，更在气候调节、生态维持和物质迁移等方面发挥着不可替代的作用，如图 7-4 所示。

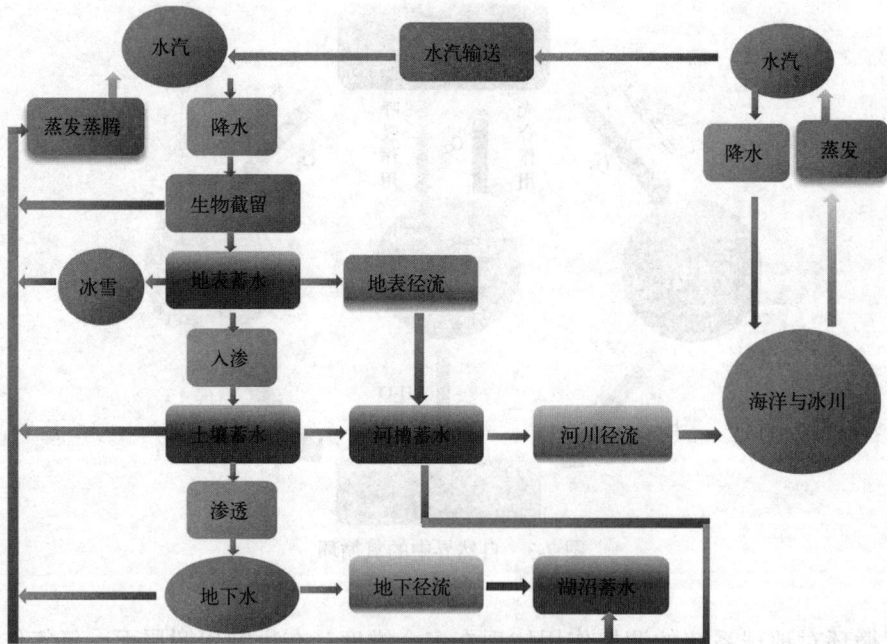

图 7-4　自然界的水循环

蒸发是水循环的起始动力，太阳辐射驱动下，地表水体（海洋、河流、湖泊）表面水分子获得足够能量，从液态转化为气态进入大气。全球每年约有 505000 立方千米的水通过蒸发过程进入大气，其中海洋贡献约 86%，陆地（含内陆水体）贡献约 14%。例如，青藏高原湖泊的年蒸发量约为 517 亿吨，相当于 3570 个杭州西湖的水量。植物蒸腾作用是生物参与的蒸发过程，植物通过叶片气孔将根系吸收的水分以水蒸气形式释放，全球陆地植物每年蒸腾量约为 70000 立方千米。蒸腾作用在为植物提供水分运输的强劲动力之余，还巧妙地借助潜热交换机制，调节地表温度，进而深刻影响区域的气候环境。

大气环流作为水汽输送的核心驱动力，凭借纬向环流（如西风带）与经向环流（如季风系统），将浩瀚的水汽自水源地源源不断地输往内陆。以东亚季风为例，夏季东南季风携带太平洋水汽深入大陆，为我国东部地区带来全年 70%～80% 的降水；而副热带高压控制下的北非、中东地区，因水汽输送受阻，形成广袤的沙漠。全球每年通过大气环流实现的水汽跨区域输送量约为 40000 立方千米。这一过程对维持全球水分的空间平衡至关重要。

大气中的水汽遇冷凝结时，会在凝结核（尘埃、盐粒等）作用下形成雨滴、雪花或冰雹并降落到地表。降水形式受温度、湿度和地形等因素影响，例如山地迎风坡因地形抬升作用形成地形雨，年降水量可达背风坡的数倍。全球年均降水量约为 119000 立方千米，其中海洋接收 97000 立方千米，占全球降水量的大部分，而陆地接收 22000 立方千米，这反映了全球降水量分布的不均衡。降水是陆地淡水的核心补给源，直接影响河流水量、土壤含水量及地下水补给。

水循环维持着全球水资源的动态平衡，使水体更新周期缩短，保障了淡水资源的可持续供给。在气候调节方面，蒸发过程吸收热量，降水过程释放热量，有效缓解不同纬度的热量差异。在生态系统层面，水循环为生物提供生存基础，参与营养物质循环，维持生物多样性。对人类社会而言，合理管理水循环是应对水资源短缺、洪涝灾害等挑战的关键，关乎粮食安全、能源生产和社会可持续发展。

三、星际物质

星际物质，作为星系与恒星间物质与辐射场的结合体，是宇宙物质循环和能量流转的重要基石。其主要由气体（主要为氢、氦元素，以原子、离子及分子态存在）、固态星际尘埃（硅酸盐、碳质颗粒等，粒径约 0.01～1μm）及高能粒子（宇宙射线、等离子体流）组成。这些成分共同构成了恒星系统诞生与演化的物质基础。

奥地利科学家维克托·弗朗西斯·赫斯（Victor Francis Hess）因发现宇宙射线获

得 1936 年诺贝尔物理学奖。宇宙射线，也称为宇宙线，主要由质子、氦核（α粒子）和各种轻核组成，其中，约 89% 是质子，约 10% 是氦核，而重元素核约占 1%。宇宙射线的能量范围极为广泛，从电子伏（eV）到泽塔电子伏（ZeV）不等，其中大部分能量集中在高能区域。这些高能粒子流不仅揭示了星际空间的物质和能量，而且其在星际空间的传播和相互作用与星际物质的分布、磁场等密切相关，为研究星际物质提供了重要线索。恒星活动是星际粒子的重要源泉之一，其中，太阳风为典型代表，其是由质子和电子组成的带电粒子流。太阳表面的日冕物质抛射、太阳耀斑等活动，将粒子加速至前所未有的高能量状态。超新星爆发瞬间释放的巨大能量，不仅将恒星核心合成的重元素抛洒至星际空间，还会产生高能宇宙射线。此外，脉冲星磁层和黑洞吸积盘附近的极端物理条件，同样是星际粒子的高效产生场所。银河系中心的超大质量黑洞周围，相对论性喷流仿佛巨大的能量引擎，将带电粒子加速到极端状态，从而构建了一个横跨数千光年的巨型粒子加速器。

星际粒子的能量跨度极大，从低能粒子到高能电子的宇宙射线均有所涉及。部分高能粒子的运动速度接近光速。星际粒子进入地球磁层后，与地磁场的相互作用将引发一系列地球物理效应：磁暴期间，卫星通信、全球定位系统和电力传输网络均可能遭受严重干扰；粒子与高层大气中的原子、分子碰撞，将激发产生绚丽的极光现象。对于生命系统而言，星际粒子辐射的危害不容小觑。研究表明，这种辐射能够直接破坏 DNA 的双螺旋结构，导致碱基配对出现错乱，进而引发基因突变。此外，辐射产生的自由基可以与 DNA 分子发生反应，导致 DNA 链断裂，从而显著增加基因突变的概率。

通过对星际粒子能量谱、电荷态和传播特性的系统性研究，科学家能够深入探究超新星爆发的奥秘、脉冲星的辐射机制及黑洞吸积的物理过程等科学前沿问题。目前，地球轨道卫星（如我国首颗空间天文卫星"悟空号"）、国际空间站上的阿尔法磁谱仪及深空探测器搭载的各类粒子探测器，正不断收集星际粒子的宝贵数据。这些设备通过测量粒子的电荷质量比、能谱各向异性等参数，结合数值模拟技术，逐步揭开宇宙高能物理领域的神秘面纱。银河系的化学丰度分布显示，银河系中心区域的恒星富含重元素，而边缘区域则相对贫瘠。这种分布特征可能与恒星形成、超新星爆炸及星系合并等过程密切相关，反映了银河系的演化历史。例如，银河系中心区域恒星密集，超新星爆发的频率更高，导致重元素含量增加。此外，银河系中发现的铕元素含量最高的恒星，以及宇宙射线中反粒子的发现，都可能与暗物质粒子湮灭过程有关。

星际分子探测的重要里程碑为 1963 年，美国国立射电天文台在仙后座 A 方向率先探测到羟基分子（OH）的 18 厘米谱线发射，标志着星际分子搜寻的重大突破。随后氨分子（NH_3）在 1968 年、水分子（H_2O）在 1969 年、甲醛（HCHO）在 1969 年相继通过毫米波射电望远镜被探测。星际分子研究持续取得突破性进展：2014 年，利用绿岸射电天文望远镜在猎户座 BN/KL 区域首次检测到手性分子环氧丙烷，其镜像异构体的存在为宇宙中手性分子的起源提供了直接证据；2016 年，通过阿塔卡马大型毫米波 / 亚毫米波阵列（ALMA）在新生恒星 IRAS 16293-2422 周围探测到糖分子乙醇醛（$HOCH_2CHO$），该发现将复杂有机分子的形成时间前推至恒星诞生初期；2018 年，在金牛座 TMC-1 分子云中发现的苯甲腈（C_6H_5CN）更刷新了星际多环芳烃分子的尺寸记录，其独特的六元环结构为星际石墨烯片层的潜在形成路径提供了线索。这些发现不仅印证了星际介质中存在复杂的前生命化学过程，更通过分子指纹图谱的积累，为构建从简单无机物到生命基本单元的完整化学演化链提供了观测依据。

对分子云、原恒星包层及行星状星云的观测显示，截至 2023 年，星际物质中已识别出包含氨基酸前体（如羟乙醛）、糖类及多环芳烃在内的 250 余种分子。这些分子通过星际介质中的尘埃表面催化反应形成，其丰度分布与恒星核合成过程存在显著相关性。原恒星喷流激波可使冰幔包裹的复杂有机分子解吸附，形成直径达 2.3 纳米的芳香族碳簇。这一过程得到了化学模型的支持，该模型研究了水分子的同位素分馏情况，并通过观测数据揭示了原恒星吸积盘的旋转和反向旋转的证据。而超新星遗迹中的 X 射线辐照实验证实，甲酰胺（NH_2CHO）等生物相关分子可在 10K 低温环境下通过量子隧穿效应合成。这种星际化学过程的产物通过陨石输送和行星吸积，可能为早期地球带来了超过 $3×10^{13}$ 千克的预制有机物质。

恒星和行星都是由星际物质聚集形成的，星际物质的组成成分和物理参数（如密度、温度、磁场强度等）决定了恒星和行星的性质和演化路径。星球的演化过程会为星际物质增添重元素，恒星在其生命周期中，通过核聚变反应不断合成重元素，并在其生命终结时将这些重元素释放到星际空间中，从而丰富星际物质的构成，为新一代恒星和行星的形成提供更为丰富的物质基础。

星际物质与恒星、星系之间的相互作用影响着宇宙的大尺度结构和演化。星际物质在引力作用下聚集形成恒星，恒星的分布和运动又影响着星系的形态和演化。通过研究星际物质的组成和星球演化过程，可以了解宇宙中物质的循环和演化规律，为揭示宇宙的起源和发展历程提供线索。星际物质中的有机分子，可能是生命起源的前体物质，这有助于探究生命在宇宙中的形成和演化过程。

四、《星球万物》钢琴曲五线谱

星球万物
All in the Planet

作曲：熊岳涛 钟鸿英

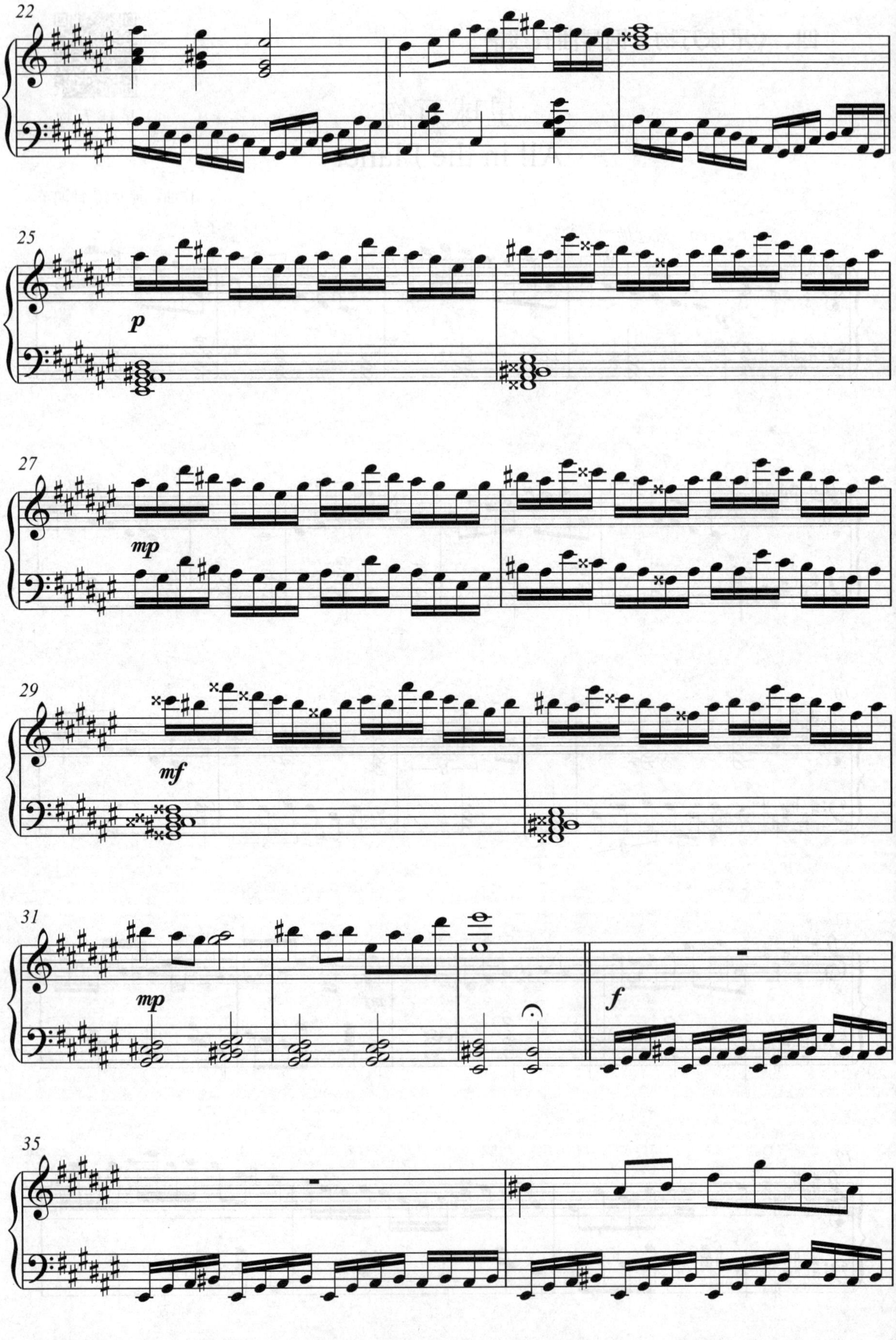
22
25
p
27
mp
29
mf
31
mp
f
35

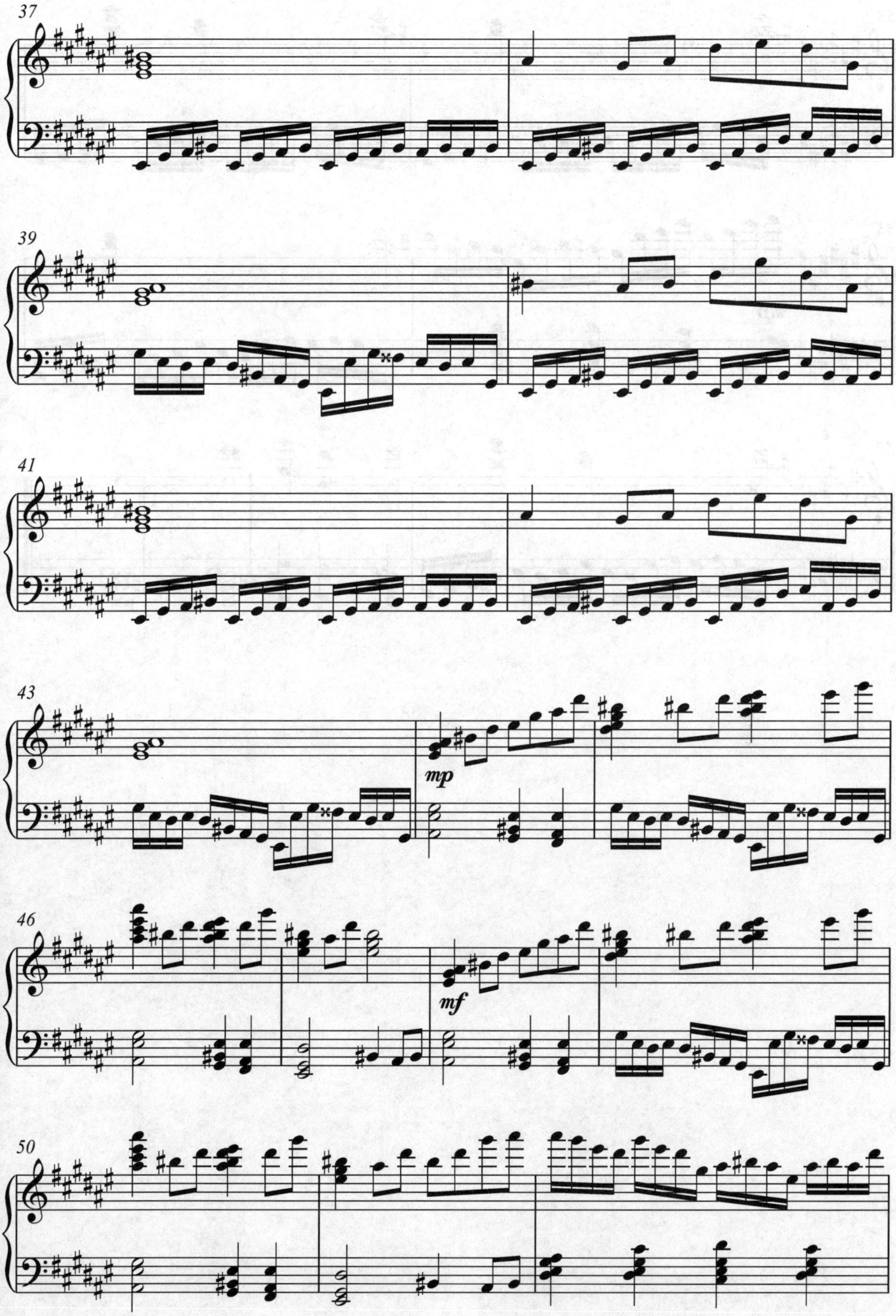
37
39
41
43
mp
46
mf
50

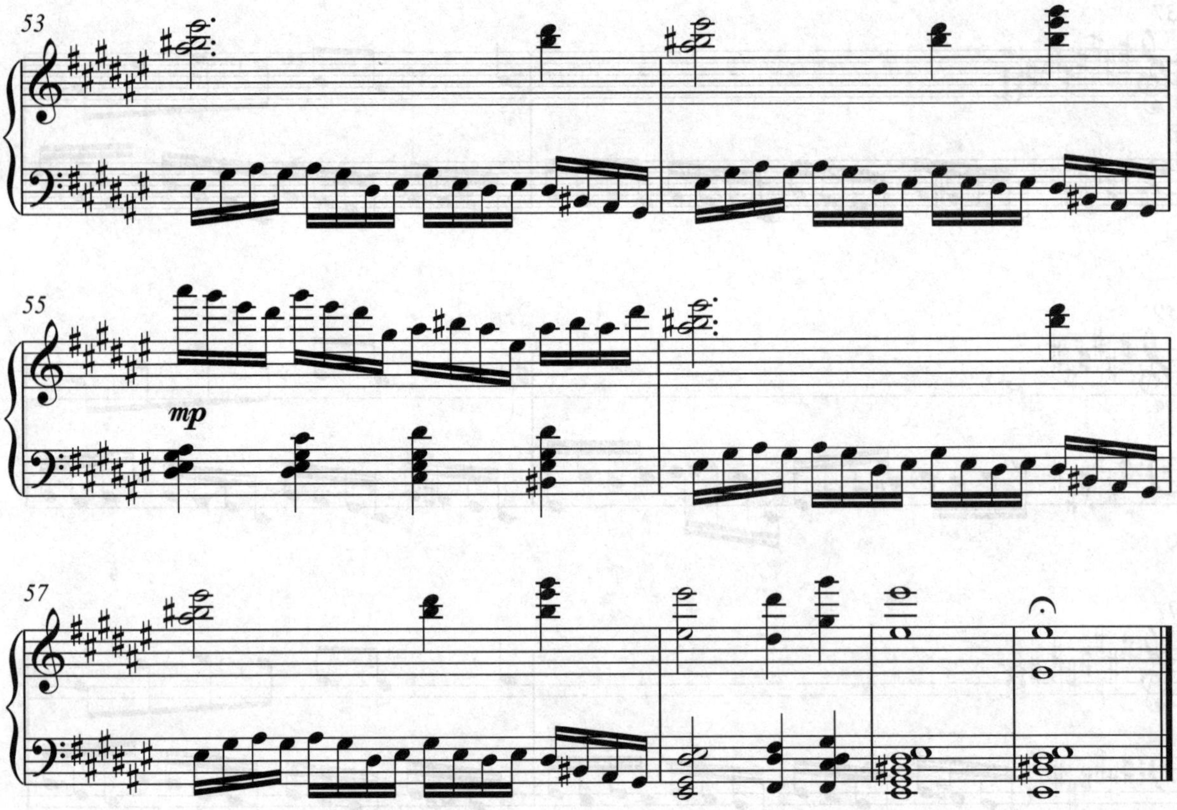
53
55
mp
57

五、《星球万物》作品赏析

《星球万物》旨在表现从蔚蓝星球到天际宇宙、从远古到未来永不停息的变迁和演化历程，万物共生的多样性生态环境，以及浩瀚神秘的物质世界和深邃无垠的精神宇宙，无不交织闪耀着各种元素的光辉。全曲以升 F 宫调式开篇，赋予音乐整体明亮色彩，以表现自然万物的蓬勃生机，犹如夏日里的"接天莲叶无穷碧，映日荷花别样红"。而以具有悬疑感和神秘感的升 E 羽调式结束，其未解决的和声倾向旨在引发听众对未知世界的无限遐想和探索欲。为展现美好世界与五彩斑斓的色彩感，全曲采用了大量色彩性和声，包括五声性纵合和声、加音和声、挂留和声等。五声性纵合和声将五声旋律的每个音纵向扩展为和弦，形成音簇式的音响结构，增强音乐的层次感，勾画出一幅山峦回声、层林尽染的自然画卷。加音和声则在三和弦或七和弦上附加非功能性音高，打破常规和声规则性结构，创造出兼具色彩性、张力感与现代性的艺术效果，表现人类永恒不断的创新与开拓。而挂留和声通过延迟或规避传统和声的解决倾向，创造出独特的悬置感，就像按下暂停键的镜头，旨在使听众瞬间情感浓度倍增，犹如在历史与未来之间驻足，承载过往文明精髓，思索未来使命。

（一）主题第一乐段

第 1～16 小节为主题第一乐段（见钢琴曲五线谱第 1 页第 1～4 行），采用五声性和声，旋律从升 C 开始不断上行，到升 A 之后加入八度大跳，打破前面的级进式行进，描绘蔚蓝星球自然环境的土壤—岩石圈、水圈和大气圈，及其物质循环和能量转换。五声性和声作为东方音乐美学的核心载体，通过非三度叠置的音程结构和调式思维，表现出线性流动、空灵静谧的自然山水呼吸韵律。它回避半音冲突，以纯四度、大二度等音程构建和声，形成类似古琴泛音的清透质感，犹如湖面荡起的层层涟漪。它将自然山水画卷演绎为流动的音符，每个音高都如画卷中的亭台人物，在流动中自成宇宙。开始的旋律在节奏上设置了半拍休止，在首拍位置突出和声及其色彩，并综合运用了等分节奏、三连音、前八后十六等多种节奏，使整体节奏呈现出自由的特性，表现丰富多彩的自然环境。等分节奏以均等时值的持续重复构成底部支撑，允许其他声部自由发挥，犹如土壤—岩石圈。三连音通过在均等节拍中嵌入三分性节奏，模拟山涧溪水的自然流动。前八后十六节奏由一个八分音符接两个十六分音符构成，是音乐中极具驱动力的节奏型，通过短长对比和动力倾斜，塑造出鲜明的推进感，表现大气圈自下而上的对流层、平流层、中间层、热层和逸散层中的气流运动和物质电离。第 10 小节之后，旋律开始在左右手部分来回穿插进行，使得旋律与和声在双手之间的功能不断变化，互为衬托又互为主题，以产生音区上色彩的变化，犹如大气环流和海洋水、陆地水和大气水的全球性动态循环。第 1 小节到第 2 小节将东西方和声穿插使用，从五声性纵合和声进行到二级七和弦，再到三级七和弦，后接五声性纵合和声的加音和声，将西方功能性和声的纵向张力，与东方五声性旋律的横向流动相互融合，营造出独特的文化混响和时空交错效果，表现人与自然和谐共生，携手共筑人类命运共同体。

（二）主题第二乐段

第 17 ~ 33 小节为主题第二乐段（见钢琴曲五线谱第 1 页第 4 行 ~ 第 2 页第 5 行），表现地球自然环境中的碳、氮、氧循环和水循环。从第 17 小节开始，节奏开始逐渐变得密集，从前一乐段中常用的八分音符逐渐向十六分音符加密，赋予音乐流动性和动力感。这部分运用了较多的"旋宫转调"技法，将旋律调性不断变化，从而使色彩不断发生改变，用声音勾画蔚蓝星球的壮美河山。从第 17 小节至第 19 小节采用了向上的大二度调性转换，调性转入升 G 大调（升 G 宫调）。在第 26 小节继续向上大二度进行，调性短暂进入升 A 大调（升 A 宫调）。第 27 小节回归升 G 大调（升 G 宫调），然后在第 29 小节进入升 B 大调（升 B 宫调）。在第 30 小节又进入了升 G 大调（升 G 宫调），至 33 小节落在升 E（羽音）上。如此反复循环，将色彩与调性进行快速转化，表现维系地球生命系统的物质循环和能量转换。

第 17 小节至第 30 小节，左右手交织旋律进一步渲染循环中地球生命系统的永恒脉动。旋律从右手开始，在音符的快速跑动中不断进行转化与提升，表达物质与能量的不断交融与演化。和声大量使用了二度碰撞技法，比如在第 18 小节中，以升 D 构建和声，在省略五音的七和弦上，加入和弦四音与三音，以此形成二度碰音，既表达强烈的生命脉动和张力效果，又营造水波折射的光影晃动。

（三）第二乐部

　　第 34 ～ 60 小节为全曲第二乐部（见钢琴曲五线谱第 2 页第 5 行 ～ 第 4 页第 3 行），表现浩瀚无垠的太空宇宙和星际物质。在第 34 小节，将之前不断流动的主题旋律转化为固定音型（升 E、升 G、升 A、升 B），并承接前一主题乐部的五声性音高素材（羽、宫、商、角）与调性，以此作为左手主要伴奏形式。右手突出五声性旋律以延续之前的旋律，之后不断抬升旋律音区，在较为固定的伴奏音型之中寻求旋律变化。在第 43 小节，左手承接右手旋律，对右手长音旋律进行补充，并在第 45 小节和第 49 小节也进行了继续巩固发展。左右手在不断交织中向上扩展音区，右手旋律与节奏从第 50 小节开始逐渐变得细碎，并在第 53 小节由左手对细碎音高进行承接，此时右手演奏具有和声与旋律双重功能。至第 55 小节，左手再将旋律交还给右手。这种反复左右手交织和音区扩展，不仅表现宇宙物质循环和能量转换，还营造出太阳耀斑、日冕物质抛射等高能活动及太阳风粒子流的意象。在第 59 小节和第 60 小节，全曲收拢于高音区的升 E 羽音及其构成的和声。高音区泛音结构稀疏，可营造透明、缥缈的音响消散感，使听众仿佛置身于星辰之中。

附　录

Basic
Knowledge
of
Music

音　乐　基　础　知　识

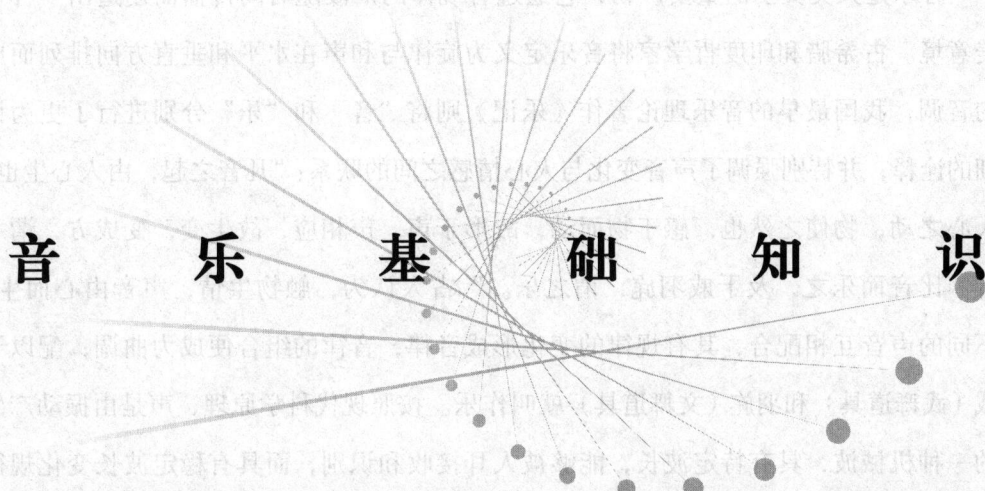

音乐是人类文明的重要产物，它通过有规律的声波随时间传播而创造出一种审美意境。古希腊和印度哲学家将音乐定义为旋律与和声在水平和垂直方向排列而成的音调，我国最早的音乐理论著作《乐记》则将"音"和"乐"分别进行了更为详细的诠释，并特别强调了声音变化与人心情感之间的联系："凡音之起，由人心生也。人心之动，物使之然也，感于物而动，故形于声。声相应，故生变，变成方，谓之音。比音而乐之，及干戚羽旄，谓之乐。"古人认为，触物生情，声音由心而生。不同的声音互相配合，其有规律的变化形成音律，音律的组合便成为曲调，配以干戚（武舞道具）和羽旄（文舞道具）就叫作乐。按照现代科学原理，声是由振动产生的一种机械波，具有特定波长，能够被人耳接收和识别，而具有稳定波长变化规律的机械波便是音。人耳可以感知声音的频率、振幅等性质，其分别决定音高、响度。人类的听觉范围为 $20 \sim 20000$Hz，通常音乐中所使用的声音频率在 $16 \sim 7042$Hz 之间。乐是经过组织挑选的悦耳声波，按照特定规则组成的音集合被称为调，对音集合进一步进行有规律的排列则成为律，曲则是从整体上将声、音、乐、调、律和段进行组织规划，其中在特定时间内完成的音乐部分被称为段。由此可见，音乐借助无形的声音来表现审美意境并引发情感共鸣，因此它是听觉艺术和情感艺术。与其他静态的艺术形式（如雕塑、绘画和文学作品等）相比，音乐又是表演艺术和时间艺术：作品创作完成后，需通过音乐表演将乐思传递给听众，通过音乐演绎和再创造，使其塑造的音乐意象在时间的动态流淌中展开和延续，并在思想情感的互动中呈现、发展和结束。

一、音乐基本要素

音乐具有丰富多彩的表现形式，通过音的高低、音的强弱、音的长短和音色等基本音乐要素的有序组合，可构成旋律、节奏、和声以及力度、速度、调式、曲式和织体等多种形式要素。其中，音高、音长、音强和音色等为声音的自然属性，音色分为人声音色和乐器音色，在音乐中可以使用单一音色或混合音色。

1. 音名与唱名

音名（pitch name）用于表示特定音高，以 C 自然大调为例，通常用字母 C、D、E、F、G、A 和 B 表示七个基本音级，对应钢琴上白色琴键所发出的声音。在现代音乐中，常把 C 作为一个八度的起点，将 440Hz 作为标准音，记作 A4。在标准音不变的前提下，不同音名与特定音高具有固定对应关系。这七个基本音级的音名是循环使用的，即从 C、D、E、F、G、A 到 B 之后又回到 C，如此周而复始，其中相邻音组中相同音名的两个音及其变化音级具有八度关系。按照十二平均律（12-tone equal temperament，12-TET），一个八度可以分为 12 个半音，相邻两个音的频率之比为 1.059463。相邻音之间的音高距离，有半音和全音之分，其中 E 与 F 和 B 与 C 之间为半音关系，其余相邻音之间为全音关系。当音高发生半音升高或降低变化时，分别用升号（#）或降号（♭）表示；升高或降低两个半音则分别用重升号（×）或重降号（♭♭）表示，还原号或本位号（♮）表示恢复至原来音高位置。

唱名（syllable name）是用于演唱音阶中各音级的发音符号，以 C 自然大调为例，七个基本音级 C、D、E、F、G、A 和 B 分别唱作 do、re、mi、fa、sol、la 和 si。唱名与音高无固定对应关系，其音高随调而变。确定各音级对应唱名的方法叫作唱名法（solmization），主要包括首调唱名法和固定唱名法。首调唱名法（movable-do system）是基于调式的唱法，同一音名在不同调中对应不同唱名，其特征是"移动的 do"，即把调中主音恒定唱作"do"，其余各音按照音高关系依次对应唱名。当调发生变化时，只需找到该调的主音。比如，把 C 大调主音唱作 do，其他依次唱为 re、mi、fa、sol、la 和 si。而平行小调的唱名继续沿用其平行大调的唱名，所以 a 小调主音唱作 la，其他依次唱为 si、do、re、mi、fa 和 sol。G 大调中主音 G 唱作 do，A 唱作 re，B 唱作 mi……g 小调中主音 G 唱作 la，A 唱作 si，降 B 唱作 do，以此类推。固定唱名法是以绝对音高为基础的唱名法，无论乐谱是什么调，都将 C 唱作 do，当调发生变化时，音级相应变高或变低，但是唱名始终保持不变。首调唱名法主要用于声乐演唱和民族器乐演奏，固定唱名法更常见于西洋器乐演奏。

2. 全音与半音

全音与半音是指两个音之间的音高距离。在音乐中，相邻两个音之间的最小音高距离是半音，两个半音距离构成一个全音。在钢琴上，相邻的两个琴键（白键和黑键）之间构成半音，而相距一个键盘的两个琴键之间构成全音。注意，白键包括 B 至 C 和 E 至 F 两种距离半音。按照十二平均律，一个八度音程被分为十二个音高，相邻两个音之间为小二度（半音）关系，两个连续的小二度则构成一个大二度（全音）关系。

3. 音关系与调性

各个乐音在音高、音长、音强及音色等方面的对比称为音关系，其中，音高的对比关系实际上就是音的频率之比，在乐理中被称为音程。音关系是理解调、调式和调性的基础。调（key）是围绕一个主音的音群，它按照一定音关系，由若干乐音构建而成，调决定主音的音高。调式（mode）则是在特定"调"范围内的具体乐音组织（功能）形式，以一个主音为中心构成的体系即为调式，包括大调式、小调式和中国五音调式等。调高和调式共同形成的音乐色调称为调性（tonality），比如 C 大调是一种调性，主音是 C，调式类别是自然大调式。音阶是一种重要的调式形式，是调式的直观表现形式，把调式中的音由低到高（上行）或由高到低（下行）以阶梯状排列就形成音阶，又称为调式音阶。C 大调音阶中的每一个音都可以作为对应调式的主音来建立自然大调式，据此可形成 7 种不同的自然大调式。

4. 大调与小调

大小调（major and minor scales）是音乐的基本调式，包括 12 个大调和 12 个小调。大调音阶由全音和半音交替组成，音乐色彩明亮、欢快且舒放，从主音开始，使用调内音向上级进。凡是符合"全全半全全全半"结构的音阶均被称为自然大调（natural major），这是使用最广泛的调式。小调有三种形式，从主音开始，使用调内音向上级进。其中凡是符合"全半全全半全全"结构的音阶均被称为自然小调（natural minor），音乐色彩往往表现为柔和、内敛且暗淡。为适应不同和弦与音响效果，还可在小调基础上进行音程微调，产生其他特殊小调变体，如和声小调（harmonic minor）和旋律小调（melodic minor）。将自然小调中第七级音升高半个音就是和声小调，它从主音开始，音程按照"全半全全半增二度半"关系排列。旋律小调在上行时升高调内的第六级和第七级，下行时还原第六级和第七级（与自然小调一致）。每个大小调都有特定音阶结构，如 C 大调音阶为 CDEFGABC，而 a 小调音阶为 ABCDEFGA。二十四个大小调之间的对应关系如图 8-1 所示，每个大调都有与之对应的小调，它们使用相同音符与和弦，共用一套升降号系统，但表现不同的情感色彩。大调和小调之间具有明确三度关系，大调下方小三度即为其对应的小调，也就是将大调向左数三个半音为其对应的小调。比如 G 大调向下数三个半音对应 e 小调，A 大调向下数三个半音对应 #f 小调，注意不是 ♭g 小调，因为 f 和 A 是三度关系，而 g 和 A 只是二度关系。

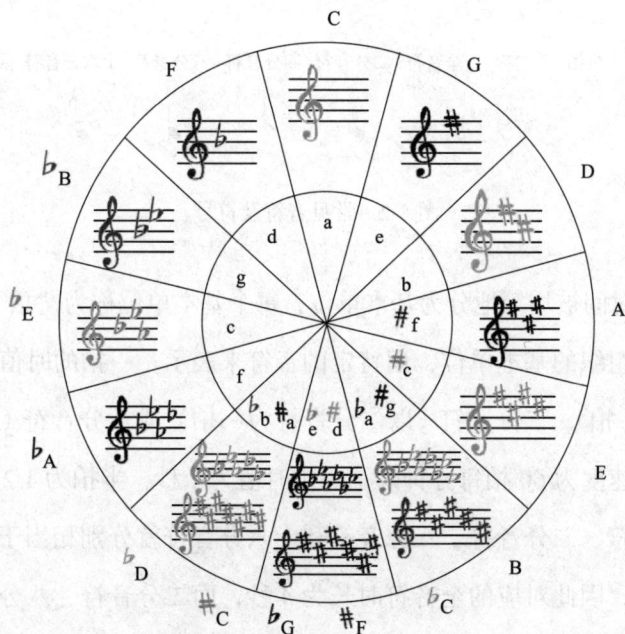

图 8-1　二十四大小调关系

5. 音符与时值

音的长短用音符（note）表示，不同音符表示不同时值，包括倍全音符、全音符、二分音符、四分音符、八分音符和十六分音符等，其时值分别是全音符的 2 倍、1/2、1/4、1/8 和 1/16。如图 8-2 所示，音符由符头、符干和符尾三部分组成。符头位置代表音高，符头有空心和实心两种形状，都是椭圆形，呈左低右高形态，大小以填满线间为标准，其中全音符和二分音符是空心符头。符干长度为三间或四线距离，其位置可以在符头右上方或左下方，只有全音符没有符干。符尾永远在符干右边并弯向符头，可依据音符时值向下进行叠加，符尾越多说明这个音符时值越短，每增加一个符尾时值减少 1/2，全音符、二分音符和四分音符没有符尾。在钢琴曲谱中常见的最短音符是带有 5 条符尾的一百二十八分音符，时值等于全音符的 1/128。时值最长的音符为倍全音符，其形状为左右两侧分别带 2 条竖线的全音符，其时值等于二个全音符。附点是记在音符符头右上角的小圆点，用以增长音符时值，但不用于休止符的延时。附点音符分为单附点与复附点音符，分别表示音符时值增加 1/2 或 3/4。音符时值以全音符为基准，但全音符没有固定时间长短，由乐曲速度决定，取决于节拍。

图 8-2　常见音符及符号

在音乐中，时间被均等地分为基本单位，每个基本单位称为"拍子"或一拍。"拍子"是音乐时间组织的基本单位，用特定的音符来表示。一拍的时值可以是四分音符（以四分音符为一拍）、二分音符（以二分音符为一拍）或八分音符（以八分音符为一拍）等。当乐曲速度为 60 拍每分钟时，每拍时值为 1 秒，半拍为 1/2 秒。若以四分音符为一拍，全音符、二分音符、八分音符和十六分音符就分别相当于四拍、两拍、半拍和四分之一拍，因此对应的全音符时长为 4 秒，而二分音符、八分音符和十六分音符对应的时长分别为 2 秒、1/2 秒和 1/4 秒。常见"拍子"包括 1/4、2/4、3/4、4/4、3/8、6/8、8/8 和 8/16 拍等，它们每小节长度固定。其中 1/4、2/4、3/4 和 4/4 拍都是以 4 分音符为一拍，但每小节分别为 1 拍、2 拍、3 拍和 4 拍，可以分别包含 1 个、2 个、3 个和 4 个四分音符，其强弱关系分别为强、强 - 弱、强 - 弱 - 弱和强 - 弱 - 次强 - 弱。而 3/8 和 6/8 拍则是以八分音符为一拍，每小节分别为 3 拍和 6 拍，分别含有 3 个和 6 个 8 分音符，其强弱关系分别为强 - 弱 - 弱和强 - 弱 - 弱 - 次强 - 弱 - 弱。8/8 和 8/16 拍比较少见，分别以八分音符或十六分音符为一拍。

6. 节奏与节拍

相对于"拍子",节拍由各拍按照一定规律强弱交替形成。节拍（beat）是强拍和弱拍的周期性重复,将强弱交替的时间片段按一定次序循环重复即为节拍,其在音乐中的特征是音的强弱关系。节拍是用来划分时间和保持稳定性的基本单位,每一个时间片段称为单位拍,带强音的单位拍为强拍,其余为弱拍。节奏（rhythm）是音乐的骨架,是音长和音强的组合,其用强弱规律组织音的长短关系。通过把长短不同的音组织起来,形成有规律的强弱交替变化,从而产生不同音乐效果。

节拍有多种不同类型,不同节拍赋予音乐不同表现风格。

① 四四拍（four-on-the floor）。这是音乐中最常见的节拍之一,常见于流行音乐、舞曲和摇滚乐中。它以四分音符为一拍,每小节四拍,因此又被称为四拍子。在传统音乐中,其基本强弱框架为强 - 弱 - 次强 - 弱,但现代音乐风格可能采用不同强拍位置,比如摇滚乐可能会将强拍放在第二拍或第四拍。注意 four-on-the-floor 本质上符合 4/4 拍号标准,但并非所有 4/4 拍都是 four-on-the-floor。

② 二二拍（cut time）。这种节拍又称为二二拍或二拍子,它具有强烈的节奏感和动力感,常见于进行曲和快节奏音乐。它由两个等长的音符组成,每个音符占一拍。

③ 八八拍（eight-on-the-floor）。这是一种常见于迪斯科和电子舞曲的快节奏,由八个等长的音符组成,每个音符为一拍。

④ 三拍子节拍（triple meter）。三拍子乐曲一般表现为圆舞曲（或华尔兹）的风格特征,常见于优雅而抒情的古典音乐,每个拍子由一个较长的音符和两个较短的音符组成。圆舞曲有速度差异,快圆舞曲一般被称为维也纳圆舞曲,慢圆舞曲由之演变而来。圆舞曲一般作为三步舞曲,快慢圆舞曲均以旋转为主,基本步法为一拍跳一步,每小节三拍共跳三步。

⑤ 五拍子节拍（quintuple meter）。五拍子节拍一般包括一个较长的音符和四个较短的音符,由三拍子与二拍子混合,可二加三,也可三加二,常见于一些非洲和巴西音乐。

⑥ 异拍子节拍（polymeter）。这种节拍比较复杂,由两个以上不同拍子同时进行,常见于现代音乐和爵士乐。

⑦ 不规则节拍（irregular meter）。这种节拍常见于现代音乐中,没有明确的拍子,

音符长度和分割方式不规则。其既保持音乐整体和谐统一，又打破传统节拍结构，使音乐层次感更加丰富，表现更具冲击力和张力，给人以变化和惊喜。综上，节拍为音的强弱有规律的交替，决定乐曲速度和稳定性。

相比于节拍，节奏不仅包含音的强弱变化，还包含音的时值组合，反映音乐中的时间模式及其变化规律。它是音的有规律的时间长短和强弱的组合，赋予音乐动感和韵律。节奏主要有以下九种基本节奏型，其中四分节奏型、八分节奏型、十六分节奏型和八分附点节奏型为主导节奏型，赋予音乐功能性节奏。而前十六节奏型、后十六节奏型、后附点节奏型、切分节奏型和三连音节奏型为附属节奏型，赋予音乐色彩性节奏。图 8-3 表示常见节奏型和符号。

图 8-3　常见节奏型和符号

① 四分节奏型。它属于基础音乐节奏，在以四分音符为一拍的节拍中，每一拍对应一个四分音符。使用四分节奏型可产生跳跃感和顿促感，这种节奏型时值相对稳定，常作为构建其他复杂节奏型的基础。由于四分节奏型时值间距较宽松，常用于中速或快速乐曲。

② 八分节奏型。八分节奏型的时值是四分节奏型的一半，常常将两个八分音符组合在一起，使音乐节奏变化更加丰富，赋予音乐灵动性和活力。

③ 十六分节奏型。十六分节奏型更加紧凑，其时值为八分节奏型的一半，常常出现在快速音乐片段中，如激昂的摇滚乐或者快速的古典乐，可为其营造紧张、激动的氛围。十六分节奏型具有较强的推动性，可塑造持续进行的音乐形象。这种节奏型具

有功能性和色彩性双重属性，既可作为功能性主导节奏支撑全曲，又可与其他主导节奏搭配，起到调剂色彩的作用。

④ 八分附点节奏型。八分附点节奏型也具有功能性和色彩性双重属性，其时值等于一个八分音符加一个十六分音符。这种节奏型具有拖拽的律动感和摇摆性，常用于在旋律进行中制造节奏波动。其也具有推动性，可使音乐产生持续向前的推动感觉。此外，八分附点节奏型在快速演奏时比较接近爵士乐中的 Shuffle 节奏，而摇摆性也正是爵士乐的节奏特征之一，因此可利用八分附点节奏型为音乐渲染爵士风情。

⑤ 前十六后八节奏型。前十六节奏型和后十六节奏型都以十六分音符为基础，在一拍内包含四个平均分配的十六分音符。这种节奏型具有较强的稳定性和均衡感，可用于表现流畅连贯的旋律线条。其中，前十六节奏型由两个十六分音符和一个八分音符组成，两个十六分音符快速闪过，紧随其后的八分音符相对舒缓，为音乐增添独特韵律。

⑥ 前八后十六节奏型。后十六节奏型由一个八分音符和两个十六分音符组成。前半部分八分音符时值较长，后半部分的两个十六分音符时值较短且紧凑。这种节奏使音乐先舒缓后紧凑，增强音乐的节奏感。

⑦ 后附点节奏型。在后附点节奏型中，附点处于音符之后，可改变音符的时值比例，为音乐带来不同的节奏感。

⑧ 切分节奏型。在音乐中，为创造独特旋律或表现特定情感，常常使用切分音来改变音的强弱变化规律。弱拍或强拍弱部分的音因时值延长而成为重音，这重音称为切分音（syncopation），其演奏方法是从弱拍开始，并延续至下一强拍。由切分音与其他音组合而成的节奏叫切分节奏（syncopated rhythm），这种节奏型突破了常规节拍的重音规律，可用于营造强烈的节奏冲突感和独特韵律，使乐曲更具动感、活力和趣味性，在爵士乐、摇滚乐等领域广泛应用。

⑨ 三连音节奏型（triplet）。三连音在乐谱中表示为标记"3"的连音线，指将一个拍子分为三个等长的音符，如将 1 拍、2 拍或 4 拍进行三等分，每个音分别为 1/3 拍、2/3 拍或 4/3 拍，即使三个音的总时值等于两个音符的时值。如在四拍子中，由三个四分音符组成的三连音为两个四分音符的时值，也就是两拍。三连音在音乐中表现为不稳定感或错位感，可用于增强特定旋律线条的动感或营造特殊音乐效果，常见于爵士

乐、蓝调和拉丁音乐。

7. 旋律

旋律（melody）是音乐的灵魂，是作曲家通过艺术构思，按一定音高、时值和音量关系，将若干乐音组织为有特定节奏和逻辑的声音序列。其通过综合不同音乐表现形式，如调式、节奏、速度和力度等，呈现丰富多样的音乐审美意境。旋律是构成声部的基础，构成旋律之后，才能产生声部。旋律线（又称音高线）和节奏是旋律的两个基本要素，音高走向称为旋律线，表现音高的延伸和起伏。旋律线与各种音乐节奏的长短、快慢、停顿等表现相结合，形成种种音乐结构。音乐中主要有七种旋律线类型，包括线型、跳跃型、下行型、上行型、波浪型、环绕型和螺旋型。每种旋律线都有其独特个性和表现方式，音乐作品可通过单个或交替组合旋律线呈现不同音乐效果。线型旋律线最常见，由一系列相邻音符按照时间顺序组成连续音乐线，音程间隔小，听起来平滑流畅，常见于民歌。跳跃型旋律线包含较大的音程跳跃，通过音程跳跃和音高变化表现强烈的生命力和活力，抒发欢快热烈的情感，常用于在歌剧或交响乐中表现强烈情感。在下行型旋律线中，音符从高到低，呈现一种下降的趋势，通常被用于表达平静、柔和、悲伤的情绪。与此相反，上行型旋律线以上升的音程造就轻快、明亮的音乐效果，表现积极乐观、活力四射的情绪。波浪型旋律线由上升和下降的音程相互交替，表现波浪起伏的情感波动。环绕型旋律线以一个音为中心，音高以此为基准上下徘徊，形成一种环绕的音乐特色，表达宁静安详和静谧优雅的音乐意境。螺旋型旋律线以连续上升或下降的音程构成，用于营造螺旋般的趋势，表现不断向前和永不停息的人生追求。

8. 音程与协和度

音程指两个音之间的音高关系，分为和声音程和旋律音程，前者为两音同时发出，后者为两音先后发出。音程距离以"度"计算，两音之间包含几个音便称为几度。八度以内的音程叫单音程，超过八度的音程叫复音程，单音程与复音程性质相同，复音程是单音程的高八度扩充。单音程按性质划分共有五种，包括纯音程（纯一度、纯四度、纯五度和纯八度）、大音程（大二度、大三度、大六度和大七度）、小音程（小二度、小三度、小六度和小七度）、增音程（纯音程扩张一个半音）、减音程（纯音程缩小一个半音）。和声音程的大小决定音程协和度，其中协和音程包括各种纯音程，不完全协和音程指大三度、小三度、大六度和小六度音程，而不协和音程指大二度、小二度、大七度、小七度以及三全音（增四度、减五度）。音程越不协和，音响紧张度越高。

9. 和声

和声由三个或多个不同音按一定规则同时发声而构成，包括和弦与和声进行。其中，和弦是构成和声纵向结构的基本单位，通常按照三度叠置原理，将 3 个或 3 个以上不同音进行组合。而和声进行指各和弦的先后连接进行，是和声的横向运动。现代音乐有五种基本和弦，包括由三个、四个、五个、六个和七个音构成的三和弦、七和弦、九和弦、十一和弦与十三和弦。和弦的基础音叫根音，其余的音由下而上，根据其与根音相距的音程而命名。比如，在十三和弦中，各和弦音由下到上分别称为根音、三音、五音、七音、九音、十一音和十三音。和声具有色彩功能与结构功能两种基本属性，色彩功能指和声的音响作用，可以独立地或协同其他元素来表现浓、淡、厚、薄等音乐色彩。和声对音乐形式构成具有重要作用，可构成分句，分乐段和终止乐曲。

10. 曲式与织体

织体（texture）是音乐的重要结构形式之一，包括时间和空间上的结构。时间上的结构形式称为"曲式"（music form），指音乐的横向组织结构，包括二部式、三部式、回旋曲式、奏鸣曲式和赋格等。空间上的结构形式指在一段时间内呈现的音响层次，包括交错重叠的旋律与和声背景。按照其组成，织体分为单声织体、复调织体与和声织体，分别由一条旋律、多条旋律或旋律加和声背景叠置而成。复调织体与和声织体组合构成"混合织体"，既有和声，又有多线条旋律，可呈现多姿多彩的音乐效果。

11. 主调音乐与复调音乐

主调音乐（homophony）由一条旋律线（主旋律）加和声背景构成，复调音乐（polyphony）由若干（两条或两条以上）各自独立或相对独立的旋律线有机结合而成，不同声部各自独立，但又和谐地构成一个整体，彼此形成和声关系。不同旋律同时结合，在音调、节奏和进行方向上此起彼伏并形成对比，构成对比式复调，而同一旋律在不同时间先后出现则称为模仿式复调。运用复调手法可以增加音乐层次感，在不断反复和前后呼应中丰富音乐形象。

12. 转调

转调（modulation）是指音乐从一个调过渡到另一个新调的过程。在调性音乐作品中，可将一个调中的和声与旋律过渡为另一个调的和声与旋律，以增加音乐层次感和新奇感，表达情感的递进与变化。目前主要有三种转调方式：直接转调法在同名大小调间进行转调，可将整段曲目进行转调。中转和弦转调法需选择一个中转和弦（如两个调的共有和弦，以新调下属和弦为佳，即大调Ⅱ级或Ⅳ级，小调Ⅱ级、Ⅳ级或Ⅶ级），使中转和弦与新调Ⅴ级形成和声连接完成转调。升半（全）音转调法经常用于作品最后一段副歌，在转调前直接插入新调第一个和弦的属级和弦，升高半个或一个调，即升高半音或全音，将作品情绪渲染到极致。

二、音乐基本结构

在音乐作品中，音乐结构指旋律、节奏、和声、调式、曲式、织体、力度、速度、音色和音高等音乐基本要素的组织方式和关系。虽然不同音乐作品具有不同表现风格和情感意境，但均需遵循音乐逻辑，从开始、发展到结束，始终保持旋律、节奏、和声等各个方面相互协调统一。一般来说，一个音乐作品通常包括以下几个部分。

第一，引子（introduction）。引子是音乐作品开始的一段独立旋律或和弦进行，用于引入主题、情感或主旋律，为后续音乐铺垫情感氛围；或通过使用不稳定和声和紧张节奏制造悬念；或使用强烈鼓点和节奏传达音乐能量和活力，吸引听众注意力。

第二，主题（theme）。音乐作品的主题一般表现为一个完整乐句和一条清晰明显的旋律，一个乐章可以穿插多个主题，同一个主题可以表现为不同变奏形式，但一个主题一般只存在于一个乐章，较少有跨越乐章的主题。但其中的重要旋律，可以在整个作品中反复出现。

第三，动机发展（motive development）。动机是音乐创作中的基本要素，一般是一段简洁并彰显特色的旋律或节奏片段，通过重复或变化重复、平移音高模进、延伸发展和变奏进行等方式，动机在作品中逐步展开和发展，丰富作品层次和色彩。

第四，过渡（transition）。连接过渡段是曲式的重要组成部分，它是连接各段主题的枢纽，使音乐流畅地过渡，保持主题的连贯统一和各段间的交融呼应，推进乐思发展。

第五，副题（sub-theme）。副题是与主题相对的次要旋律，与之形成对照，它可以在作品中反复出现，不断丰富和发展主题。

第六，副歌（chorus）。副歌是作品的高潮部分，一般出现在开头或结尾，其旋律和歌词通常比较简单，在作品中反复出现，以此加深听众记忆并唤起听众同感和激情，将作品推向高潮。

第七，间奏（interlude）。间奏是音乐作品中在不同段落之间起过渡或节奏变化作用的部分，它通过独立的旋律或音响设计，增加音乐的节奏感和表现力。间奏具有多种形式和类型，包括平行音乐间奏、旋律间奏与和声间奏等。其中，平行音乐间奏指整个乐队或乐器团体同时演奏的过渡段落，旋律间奏指以某个乐器或声部的独立旋律线为主的过渡段落，而和声间奏指某些和声构成的过渡段落。

在现代音乐作品中，也经常采用较复杂的迷宫结构（labyrinthine structure），将主题、副题和间奏交错重复，创造出特殊的艺术效果，增强作品感染力。

第八，尾声（finale）。尾声是作品的最后一部分，具有独特的音乐结构、旋律、和声与情感表达。在结构编排上，尾声一般有别于作品其他部分，可以采用单一主题反复，或是不同主题组合演奏，通过逐渐减弱声音或突然停顿，表达渐行渐远的深邃情感或强冲击式终结。作品结束前的旋律变化可大大提高作品感染力，在保持作品完整性的基础上，可以对主旋律进行变奏，或同时加入华丽音阶和跳跃音符。不仅如此，尾声音效还可通过和声编排进一步渲染，增加和弦进行或改变和弦类型均可丰富作品层次感，借助复杂或简洁和声可营造出庄重、激昂或轻松、舒缓的情感氛围。尾声作为一个音乐作品的结尾部分，不仅在结构上进行收拢和终止，也通过情感表达将音乐意境深化和加强，在缓慢、低沉或快速、动感的旋律中，将作品里内敛、深沉或活泼、欢快的情感渗入听众心中。

以上是音乐结构的一些常见组成元素，不同风格的音乐作品会采用不同结构和组织方式，表现各自独特的音乐色彩。

三、五线谱简介

1. 五线谱

五线谱（staff）是一种记谱方法，由五条线加四个区间组成，总共包括九个音位，可记录高低不同的音，它由线、谱号、拍号、音符以及其他记号构成（图 8-4）。五线谱起源于希腊，音高与长短用类似字母的图形表示。"纽姆记谱法"（neuma notation）大约产生于 8 世纪，于 9 世纪开始普遍使用，是五线谱的雏形。"neuma"源自希腊语，意为符号，它用绘制的图形符号表示音的高低，可以表示一个或一组音，但它不能表示音的时值长短，也没有固定的高低位置。后来出现的一线谱利用一条直线确定音高，将纽姆符号写在线的上下，以线为中心点并把其音固定为 F，音高根据上下位置来确定。四线谱于 11 世纪出现，纽姆符号被放在四条彩色直线上来确定音高，其中红线代表 F 音，黄线或绿线代表 C 音。到 13 世纪，四线谱演变为全部为黑色的谱线，并以拉丁字母确定每条谱线的音高，谱号即源自此。虽然四线纽姆乐谱解决了音高标示问题，但仍不能显示节奏，因此需要建立一种定量方法来精确描述每个音的时值长短，定量音乐由此产生，出现了能够粗略标示音时值长短的有量记谱法。到 17 世纪，四线谱被改进为五线谱，并逐步发展完善为当今世界通用的音乐记谱法。五线谱传入中国的最早文字记载见于《律吕正义》，该书由康熙任命几位大臣编撰，于乾隆十一年（1746 年）完成。这是清代康熙、乾隆两朝宫廷敕撰的音乐百科专著，以乐律学为主要内容，分上、下、续编和后编，其中续编记述了五线谱及音阶、唱名等。

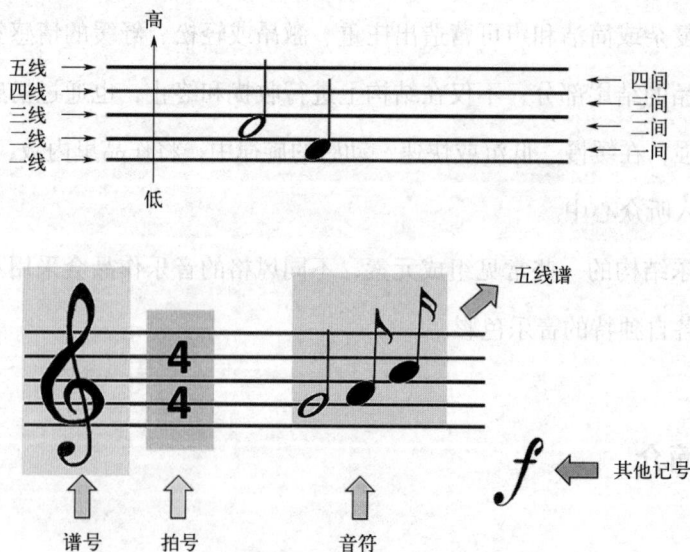

图 8-4　五线谱的构成

如图 8-4 所示，五线谱的线、间和音高均由下向上逐渐升高，在线与间上一共可以记录九种音高，在第一条线下方或第五条线上方添加短横线，则可记录更低或更高的音。加线一般不超过五条，若超过五条线则需要使用辅助记号表示。

2. 谱号

谱号（clef）是五线谱中位于五条线最左端的符号，用以确定谱表中各线（间）的实际音高。对于记录在同一条线或间上的音符，若谱号不同，那么这个音符代表的实际音高也会不同。常见的谱号分为低音谱号（F 谱号）、中音谱号（C 谱号）和高音谱号（G 谱号）三类，如图 8-5 所示。

低音谱号　　　　　中音谱号　　　　　高音谱号

图 8-5　谱号种类和符号

3. 调号

调号（key signature）即谱号后面标记的符号，用于说明乐曲所用调域，标示音阶中每个音符是否需要升高或降低半音。在五线谱中，升号和降号的位置分别对应不同音符，通过调号位置和谱号可以确定调式类型。例如，当使用 G 谱号（高音谱号）时，在其第五线上使用升号一般为 G 大调或 e 小调，在其第三线上使用降号一般为 F 大调或 d 小调。调号一般只用同类型变音记号，要么全部是升号（♯），要么全部是降号（♭）。调号中的升降号适用于整个乐谱的对应音符，比如当调号中出现升 f，在没有出现临时还原记号的情况下，整首乐曲中的 f 音都需升高半音。调号与调域总是由同种记号构成，无论升号还是降号，其写法都有一定顺序，并不是从低到高或从高到低，而是按"五度链"顺序。由 ♯ 号构成的调号，按上五下四（度）顺序为 ♯F、♯C、♯G、♯D、♯A、♯E 和 ♯B。由 ♭ 号构成的调号，按上四下五（度）顺序为 ♭B、♭E、♭A、♭D、♭G、♭C 和 ♭F。调号共七个升号调号、七个降号调号，每个调号对应一个大调和一个小调，加上没有升降号的 C 大调和 a 小调，总共 30 个大小调。

4. 拍号

拍号（time signature）是表明拍子的记号，标画在乐曲第一行谱表后面，按照谱号→调号→拍号顺序排列。拍号以分数形式标注，在谱表上以第三线（五线谱中间那条线）作为分数的横线。拍号由两部分组成，分母表示一拍的时值，分子表示每小节包含的拍数。以四分音符为一拍为例，如果每小节有 2 拍，即每小节有两个四分音符，拍号为 2/4；如果每小节有三拍，拍号为 3/4。反之，当拍号标注为 4/4，表明以四分音符为一拍，每小节有四拍。

5. 休止符

在音乐进行中，音的暂时停顿称为休止，表示休止时值长短的符号叫做休止符（rest）。休止符是音乐中不可缺少的组成部分，如图 8-6 所示，每一种音符都有它对应的休止符，两者的命名和时值一致。休止符分为全休止符、二分休止符、四分休止符、八分休止符、十六分休止符等。全休止符对应全音符，如在 4/4 拍表示休止 4 拍，在 8/8 拍中表示休止 8 拍。整小节休止时，不论什么拍子都用全休止符。二分休止符对应二分音符，如在 2/4 拍、3/4 拍、4/4 拍中，均表示休止 2 拍。全休止符和二分休止符都是小方块形状，但全休止符位于第四线下，而二分休止符位于第三线上。四分休止符对应四分音符，如在 2/4 拍、3/4 拍、4/4 拍中，均表示休止 1 拍。八分休止符、十六分休止符等分别对应八分音符、十六分音符。其中，八分休止符上面的小圆点对应音符的符尾，一个圆点对应一个符尾。

图 8-6 音符与休止符的对照

休止符和音符一样，可以附加与时值、节奏有关的记号：添加附点可使时值增加原时值的一半；在其上方添加延长记号，表示在该休止符处根据音乐的需要，做适当休止。

6. 小节线和终止线

乐曲总是在强拍和弱拍中交替进行，这种交替按照一定规律组成最小节拍单元，并以此为基础循环往复。小节线（bar line）用于标明强拍位置，是在强拍前绘制的一条垂直线，上顶五线，下接一线，与谱表垂直并将其切断。即使有上、下加线，小节线也不能超出谱表之外，如图 8-7 所示。通常小节线后一定是强拍，通常一个小节由一个强拍与若干个弱拍构成。每两条小节线之间的部分构成一个小节，它是计算乐句、乐段和整首乐曲长度的常用单位。复纵线或终止线（great double bar）用来标示乐曲结束，以两条垂直线表示，其中右边的一条较粗。段落线也由两条垂线表示，但两条线粗细一致。

| 小节线 | 结束线 | 连奏记号 |

| 刮奏记号 | 琶音记号 | 延长音记号 |

图 8-7　常见乐谱演奏记号

7. 其他记号

乐谱中还有许多其他演奏记号，如图 8-7 所示的连奏（legato）记号、刮奏（gliss）记号、琶音（arpeggio）记号和延长音记号等。连奏是钢琴乐曲常用的弹奏方法，可产生圆润连贯的音色，使乐曲更加流畅优美。演奏时，手指并非爆发性地快击挥动触键，而是缓慢触摸琴键，要求手、腕、肘和臂等各部位活动圆滑、平稳和协调。连奏分为旋律连奏、和声音程连奏和和弦连奏。刮奏又被称为滑奏，是钢琴或其他乐器五线谱中的一种弹奏方法，演奏时需保持手部挺直并稍微倾斜，指端用力向一边划使琴键发出弦音。刮奏是独具特色的色彩性指法技巧之一，往往产生变幻多样的音响效果，可表现山水云雾等自然景色，也可抒发波澜涟漪般的内心世界情感，还可用于连接段落和乐章等。琶音是一种在钢琴、吉他、竖琴和其他乐器中常用的弹奏技巧，琶音记号一般记写在音符左方，只用于和弦，演奏时需将一串和弦音从低到高或从高到低依次连续奏出，增加音乐的华丽感和流畅感。延长音记号标在音符或休止符上方，一般表示将原时值延长一倍。

图 8-8 总结了其他常见乐谱记号，包括力度记号、踏板记号、变音记号和装饰音记号。不同记号通过组合使用，可构建丰富多样的音响听觉效果。

力度记号

踏板记号

变音记号　　♯ 升号　　♭ 降号　　♮ 还原　　✕ 重升　　♭♭ 重降

移高八度弹奏　　移低八度弹奏

与高八度音同奏　　与低八度音同奏

装饰音记号　　颤音　　波音　　逆波音　　回音　　逆回音

图 8-8　其他常见乐谱记号